現数Select No.9

行 列

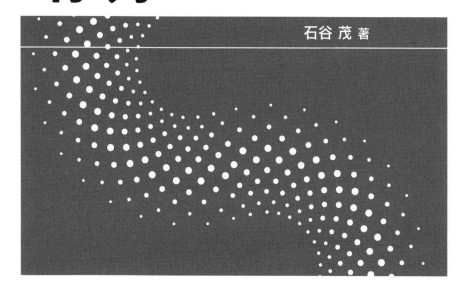

石谷 茂 著

血 現代数

本書は 1980 年 7 月に小社から出版した
『新数学対話　行 列』
を判型変更・リメイクし、再出版するものです。

まえがき

　"行列のことは行列でやろう" が本書のモットーで，この特色は最後まで捨てなかった．途中でベクトルという用語が現れはするが，それは，あくまで行列の特殊な型としてのベクトルであって，取扱いは行列となんら変らない．この本は線型代数の指導法として，考慮されてよいものと思う．

　行列のことを行列のみでやろうとすると，行列のランクの定義に標準形を用いざるを得ない，見慣れない定義と感ずる読者がおられることと思うが，慣れてしまえば，意外と有効なことが分って頂けるであろう．行列のランクは，どんな定義を選んだにしても，結局は，基本操作によって不変なことを明かにし，標準形で読みとることになり，本書の定義と一致することが解明される．

　行列のことを行列のみでやるときに，おのずと生ずる第2の特色は，行列の区分，すなわち行列を成分とする行列を取扱うことである．これは見かけによらずやさしく，その偉力は想像以上である．"行列の区分をやらずして行列をやったことにはならず" といってもいい過ぎではないのである．

　具体例を豊富に取り入れることによって，対話のよさを生かそうとした．この苦労のほどが，少しでも分るようなら，いや，分って頂けるなら著者としては最上のはげましである．

著　者

このたびの刊行にあたって

　本書は楽しく読んで分る，そんな数学の本があったら… という著者の思いで，普通の本の一章分を対話によって解説し，一冊にまとめたものです．

　数学の学び方として帰納法と類推法を絶えず活用し，「証明」に代る「証明のリサーチ」を試行しています．学び方としては，これで一応の完成というのが著者の考えであって，その後の発展は読者次第です．ぜひ楽しんでお読みいただければ幸いです．

　本書初版は 1980 年 7 月でした．この面白く生き生きとした数学を少しでも多くの方に読んでいただきたいと，今回新たに組み直しました．このたびの刊行にあたり，ご快諾くださったご親族様に，心より厚く御礼を申し上げます．

現代数学社編集部

目　次

§1. 行列とその演算

1 行列とその型

「わかってしまえば，行列ほどおもしろいものはない．"なるほど，うまくできているな"と感心するものだ．ところで，行列を学ぶのは今日が最初か」

「いや，高校で2次の行列をやった」

「それなら安心．その前にベクトルもあるのだから……」

「期待されては荷が重い．スタートから頼みます」

「行列で，最初につまずくのはどこか」

「そうね．いろいろあったが，いま思い出すのは……数を並べたものなのに，それ自身は数でないことかな」

「同じようなことをいう人が多い．数はあれぞも数にあらず，しかし，数のように計算ができる．いわれてみれば，なるほどと思うが……その違和感は数学では宿命的だ．いや，なんであろうと，はじめて学ぶときは未知への興味と同時に，不安がつきまとうものだ．未知の土地への旅のように……」

「だから，人々は旅に出る」

「そう．好奇心と不安の交叉……旅を愛する心は，数学を学ぶ心でもある．わかってほしいね．これだけは……」

「同感です．予備知識を期待せず，スタートから頼みます」

「そう，それでは旅仕度からはじめるよ」

×　　　　　×

「行列，行列というが，その原形はなんですか」

「われわれが日頃，よく使うものに数表がある．縦と横に数を並べたもの……その気どった名は2次元表……これが行列のルーツですよ．点取り虫の多い時代だから，成績の表なら実感がわくだろう．こんなサンプルはどうかな」

	国語	数学	英語
井上 勇	81	73	67
大沢あけみ	96	85	84

「僕の名前を出すとはひどい．それに女性は秀才だなんて……」

「気にするな，架空のものだ．それに，僕は，もともとフェミニストだからな」

「それが，行列の原形か」

「数が行と列に並べてあるから行列……自然でしょうが，この名は……もっとも，このままでは，人名と教科名が煩しいので，その省略が話題になる」

「そんなのやさしい．人名と教科名を，いつも，その通りに書くことに約束しては……」

「そう，そうすれば，その表は裸になって数だけが残る．真裸でも気の毒，それに，しまりがない，というわけで両側からカッコで囲むことにした．まあ，こんなぐあいに．これが本物の行列です」

$$81 \quad 73 \quad 67 \atop 96 \quad 85 \quad 84 \quad \Rightarrow \quad \begin{pmatrix} 81 & 73 & 67 \\ 96 & 85 & 84 \end{pmatrix}, \quad \begin{bmatrix} 81 & 73 & 67 \\ 96 & 85 & 84 \end{bmatrix}$$

「カッコは2種類ですか」

「なんでもよいが，慣用に従ったまでだ．これからは，丸カッコを使うことにするよ」

「行と列は何個あってもよいのでしょう」

「そんな分りきったことをきくものじゃない．過保護もいいとこだ．腹が立つが，もう1つ実例を……」

$$\begin{array}{c} \text{第1列} \quad \text{第2列} \quad \text{第3列} \quad \text{第4列} \\ \downarrow \quad\quad \downarrow \quad\quad \downarrow \quad\quad \downarrow \end{array}$$

$$\begin{array}{r} \text{第1行} \longrightarrow \\ \text{第2行} \longrightarrow \\ \text{第3行} \longrightarrow \end{array} \begin{pmatrix} 18 & 73 & 67 & 82 \\ 96 & 85 & 84 & 90 \\ 75 & 68 & 75 & 79 \end{pmatrix}$$

「行と列が日本の伝統と逆じゃないですか」

「日本文は昔はほとんど縦書きで，縦を行と呼び，行と行の間を行間などといった．いまは欧米式の横書きが多いから，横を行とい

うのが自然で，縦が列……この慣用は無視できない」

「行と列の順番も慣用？」

「もちろん．それから，行列では数表の拡がりの程度がモノをいう．それで……」

「行と列の個数ですね」

「そう．行が3つで列が4つならば，(3,4)型行列とか，(3,4)行列というのです．3×4行列ということもある．行列の型とは，行と列の個数のことで，この例では (3,4) のことです」

$$行列の型……(3,4) 型$$

行の個数　　列の個数

「行や列が1つでもよいのですか」

「もちろん，数学は例外を嫌う．行が1つで列が3つなら (1,3) 行列で，行が3つで列が1つなら，(3,1) 行列ですよ」

$$(1,3) 型行列 \qquad (3,1) 型行列 \begin{pmatrix} 82 \\ 75 \\ 92 \end{pmatrix}$$

$$(\ 58 \quad 62 \quad 87 \ )$$

「しつこくて申訳ないが，行も列も1つだったら……」

「そのしつこさ気にいったよ，それが，実は問題なのだ．行列の退化の極というやつでね．スカッと解明するため，再びスタートに戻るとしましょう．実例は点数表で，並べた数は実数であった．並べる数は実数のように計算できるものならどんな数でもよいのだ．たとえば複素数でも……」

「そのほかにも，数があるのですか」

「いろいろあるが，いまは知らなくてもよい．並べる数は当分実数としておこう．最後に複素数を出す予定だ．行列を構成する数を行列と区別するために**スカラー**ともいう．それから行列の中に並べてある個々のスカラーを**成分**または**要素**というのです」

「数学は例外を嫌うがホントなら，(38) のように行も列も 1 つの
ものは $(1,1)$ 型行列でしょう」

「確にそうだ．しかし，数 38 自身でもある……いや，そう定める
のです．そのほうが万事好都合……それはあとで分る」

「気持悪いですよ．行列であって数でもあるなんて……」

「生物にもカエルやカニのように陸上にも水中にも住むものがお
るでしょう．数学でも同じことなのだ」

×　　　　　　　　　×

「行列の中の成分は，第 2 行の第 3 列の成分というように呼ぶの
ですか．めんどうでも……」

「いや略して $(2,3)$ 成分で十分です．一般に第 i 行の第 j 列の成分
は (i,j) 成分と呼ぶ．(i,j) はその成分の番地だと思えばよい．(i,j)
成分を a_{ij} で表し，行列を (a_{ij}) と略記する方式もある」

$$\text{第 } i \text{ 行} \overset{\text{第 } j \text{ 列}}{\left(\cdots\cdots(i,j) \text{ 成分}\cdots\cdots\right)} \quad \begin{pmatrix} a_{11} & a_{12}\cdots\cdots a_{1n} \\ a_{21} & a_{22}\cdots\cdots a_{2n} \\ \cdots\cdots\cdots\cdots\cdots\cdots \\ \cdots\cdots\cdots\cdots\cdots\cdots \\ a_{m1} & a_{m2}\cdots\cdots a_{mn} \end{pmatrix} = (a_{ij})$$

「その方式では，型が分りませんが」

「型を示す必要があるときは，(m,n) 型ならば $(a_{ij})_{mn}$ のように
サフィックスを補う．行列を 1 つの文字，たとえば A で表したと
きも同じことで A_{mn} とかけばよい」

「a_{ij} で i と j の間にカンマをつけないのですか．i が 12 で j が 5
のとき a_{125} となって困るが」

「そういうのを石頭というのだ．見分けがつかないときは $a_{12,5}$ と
かけばよいではないか．君はカンマに何か重要な意味があると思っ
ているらしいね．カンマは要するに区切りをはっきりさせたいとき

に用いるに過ぎない．$(1,3)$ 型の行列 $(28 \quad 54 \quad -83)$ を

$$(28, 54, -83)$$

と書いたりするのも同じことだ」

×　　　　　　　　　×

「次は行列の相等……井上と大沢の前期，後期の試験の成績が，

前期 $\begin{pmatrix} 81 & 73 & 67 \\ 96 & 85 & 84 \end{pmatrix}$　　　後期 $\begin{pmatrix} 81 & 73 & 67 \\ 96 & 85 & 84 \end{pmatrix}$

こうなったとする．君の感想は……」

「そんなこと，めったにない」

「そんなことって，どういうことです」

「成績が全く同じこと……」

「そう，それを，2 つの行列は等しいといって

$$\begin{pmatrix} 81 & 73 & 67 \\ 96 & 85 & 84 \end{pmatrix} = \begin{pmatrix} 81 & 73 & 67 \\ 96 & 85 & 84 \end{pmatrix}$$

とかく」

「1 個所でも違えば等しくないのですね」

「正確にいえば，対応する成分がすべて等しいとき」

「対応する成分？」

「同じ番地の成分のことです．2 つ行列で (i, j) 成分どうしを対応するというのは常識でしょうよ」

「行列の型が違ったら，どうするのですか」

「対応する成分のない場合があるから，等しくないとみる．これも常識の範囲ですよ．そこで，結局，2 つの行列 $(a_{ij}), (b_{ij})$ が**等しい**ことは次のように定めると万事都合のよいことに気付くと思うが」

$$(a_{ij}) = (b_{ij}) : \begin{cases} \text{(i)} & \text{型が同じである．} \\ \text{(ii)} & \text{すべての } i, j \text{ について} a_{ij} = b_{ij} \end{cases}$$

「なるほど，疑問が解けた．型が違えば等しくない，型が同じなら，さらに対応する成分をくらべる．(2,3) 型でみると

$$\begin{pmatrix} a_{11} & a_{12} & a_{13} \\ a_{21} & a_{22} & a_{23} \end{pmatrix} = \begin{pmatrix} b_{11} & b_{12} & b_{13} \\ b_{21} & b_{22} & b_{23} \end{pmatrix}$$

は，6 つの等式

$$a_{11} = b_{11}, \quad a_{12} = b_{12}, \quad a_{13} = b_{13}$$
$$a_{21} = b_{21}, \quad a_{22} = b_{22}, \quad a_{23} = b_{23}$$

がすべて成り立つこと」

「そう．そこが要点．数に関する 6 つ等式を総括したのが，(2,3) 型行列の等式」

「6 つの等式を 1 つの等式で済ますとは心憎くいアイデア！」

「行列とはそういうものなのですよ．では例題を 1 つ」

例1 次の等式を成り立たせる x, y, z, u があるか．あるならばそれを求めよ．

$$\begin{pmatrix} 2x + 5z & 2y + 5u \\ x + 3z & y + 3u \end{pmatrix} = \begin{pmatrix} 1 & 0 \\ 0 & 1 \end{pmatrix}$$

解 "行列の等しい "は "対応する成分がすべて等しい" だから

$$2x + 5z = 1 \cdots\cdots① \quad 2y + 5u = 0 \cdots\cdots②$$
$$x + 3z = 0 \cdots\cdots③ \quad y + 3u = 1 \cdots\cdots④$$

この連立 1 次方程式を解けばよい．

①と③から $x = 3, z = -1$; ②と④から $y = -5, u = 2$ x, y, z, u の値があって，それらは

$$x = 3, y = -5, z = -1, u = 2$$

2 加法と減法

「行列は数を長方形に並べたもので，それ自身は数でなかった．この新人に加法，減法のような演算を仕込みたい」

「数でないものに演算を……」

「数でなくても "等しい" が考えられたのは，行列が数によって構成されていたからだ．それを，そのまま加法，減法にもあてはめて考えるのが自然な着想．具体例でいこう．

前期の成績　　　　　　後期の成績
$$\begin{pmatrix} 81 & 73 & 67 \\ 96 & 85 & 84 \end{pmatrix} \quad \begin{pmatrix} 92 & 68 & 75 \\ 84 & 90 & 93 \end{pmatrix}$$

学年末の成績は平均できめる人が多い．もっとも，君のようなサボリ屋は，出欠状況考慮で，$-\alpha$ があると思うが，ここでは無視するよ．平均を出すには，まず，和を出さねばならない．成績ごとに1つ1つ加える．

$$\begin{matrix} 81+92 & 73+68 & 67+75 \\ 96+84 & 85+90 & 84+93 \end{matrix}$$

これを1つ式に総括したい．君ならどうかく」

「知れたことよ．

$$\begin{pmatrix} 81 & 73 & 67 \\ 96 & 85 & 84 \end{pmatrix} + \begin{pmatrix} 92 & 68 & 75 \\ 84 & 90 & 93 \end{pmatrix}$$

たす記号の節約……6つの ＋ が1つで済む」

「では，計算を最後まで……」

「やさしいね．

$$= \begin{pmatrix} 81+92 & 73+68 & 67+75 \\ 96+84 & 85+90 & 84+93 \end{pmatrix} = \begin{pmatrix} 173 & 141 & 142 \\ 180 & 175 & 177 \end{pmatrix}$$

加法のからくりが分った．$(2,3)$ 型で一般化すると

$$\begin{pmatrix} a_{11} & a_{12} & a_{13} \\ a_{21} & a_{22} & a_{23} \end{pmatrix} + \begin{pmatrix} b_{11} & b_{12} & b_{13} \\ b_{21} & b_{22} & b_{23} \end{pmatrix}$$
$$= \begin{pmatrix} a_{11}+b_{11} & a_{12}+b_{12} & a_{13}+b_{13} \\ a_{21}+b_{21} & a_{22}+b_{22} & a_{23}+b_{23} \end{pmatrix}$$

加法も型が違うとできませんね」

　「一般化するまでもないと思うが，念のため……．

　2つの行列 A, B は型が等しいときに限って，対応する成分をそれぞれ加えた行列を作ることができる．その新しい行列を A, B の和といい $A+B$ で表す．このとき新しい行列を作る演算を加法と呼べばよい．$(a_{ij}), (b_{ij})$ を用いれば，同じ型のとき

$$(a_{ij}) + (b_{ij}) = (a_{ij}+b_{ij})$$

でよいわけだが，不慣れのうちは親しめないだろう」

　「いえ，慣れました」

　「信用しないね．実例で慣れるのが早道」

　例2　次の行列のうち，加法のできるものを選び，それらの和を求めよ．

$$A = \begin{pmatrix} 3 & 5 \\ 8 & -2 \end{pmatrix}, \quad B = \begin{pmatrix} 2 & -8 & 7 \\ -3 & 6 & 9 \end{pmatrix}, \quad C = \begin{pmatrix} 0 & -3 \\ 1 & 7 \end{pmatrix}$$

$$D = \begin{pmatrix} 4 & 8 \\ 0 & -6 \\ 2 & -5 \end{pmatrix}, \quad E = \begin{pmatrix} 1 & 2 & -3 \\ 4 & 1 & 0 \\ 0 & -6 & 5 \end{pmatrix}, \quad F = \begin{pmatrix} 0 & -5 \\ 2 & 4 \\ -8 & -2 \end{pmatrix}$$

解 A, C はともに $(2,2)$ 型で，加法ができる．

$$A + C = \begin{pmatrix} 3 & 5 \\ 8 & -2 \end{pmatrix} + \begin{pmatrix} 0 & -3 \\ 1 & 7 \end{pmatrix} = \begin{pmatrix} 3 & 2 \\ 9 & 5 \end{pmatrix}$$

D と F はともに $(3,2)$ 型で，加法ができる．

$$D + F = \begin{pmatrix} 4 & 8 \\ 0 & -6 \\ 2 & -5 \end{pmatrix} + \begin{pmatrix} 0 & -5 \\ 2 & 4 \\ -8 & -2 \end{pmatrix} = \begin{pmatrix} 4 & 3 \\ 2 & -2 \\ -6 & -7 \end{pmatrix}$$

「行列の加法でも，交換法則と結合法則が成り立ちますね」

「どうして分る？」

「中味は成分の加法……その成分は数……数の加法なら 2 つの法則をみたすから」

「頭で考えたことは，必ず手で確めることです」

「たとえば

$$A = \begin{pmatrix} 2 & 3 \\ 4 & 5 \end{pmatrix}, \quad B = \begin{pmatrix} 9 & 6 \\ 7 & 1 \end{pmatrix}, \quad C = \begin{pmatrix} 5 & 8 \\ 3 & 2 \end{pmatrix}$$

$$A + B = \begin{pmatrix} 2 & 3 \\ 4 & 5 \end{pmatrix} + \begin{pmatrix} 9 & 6 \\ 7 & 1 \end{pmatrix} = \begin{pmatrix} 2+9 & 3+6 \\ 4+7 & 5+1 \end{pmatrix}$$

$$B + A = \begin{pmatrix} 9 & 6 \\ 7 & 1 \end{pmatrix} + \begin{pmatrix} 2 & 3 \\ 4 & 5 \end{pmatrix} = \begin{pmatrix} 9+2 & 6+3 \\ 7+4 & 1+5 \end{pmatrix}$$

$2+9 = 9+2, 3+6 = 6+3, \cdots\cdots A+B = B+A$ はあきらか．結合法則も同じことで，やる気がしないが……」

「そうか．そんなら結果をまとめておく」

定理1　A, B, C が同じ型の行列のとき
(1) $(A+B)+C = A+(B+C)$ 　　　　結合法則
(2) $A+B = B+A$ 　　　　　　　　　　交換法則

「この2つの法則が成り立つことは，行列の加法が数の加法と全く同じようにできるということ．たいせつなのはそこだ」

「カッコの省略も？」

「そう，加法の順序に関心がないときは $(A+B)+C$ と $A+(B+C)$ を区別する必要がないのだから $A+B+C$ で十分．要するに無くても済むものは省く．数学も日常生活と同じですよ」

　　　　　　×　　　　　　　　　　×

「行列の減法は，加法が分ってしまえば，同様にで済む，人間は猿まねがうまいからね．学者はもったいぶって類推とかアナロジーというが，あれ要するに猿まねで，子供は，もっぱらこれでかしこくなる．では，君の知能テストといこう．

$$\begin{pmatrix} 12 & 8 & -7 \\ 9 & 4 & 5 \end{pmatrix} - \begin{pmatrix} 7 & 6 & 2 \\ 5 & -3 & 0 \end{pmatrix}$$

この計算をどうぞ」

「対応する成分の差をとって

$$= \begin{pmatrix} 12-7 & 8-6 & -7-2 \\ 9-5 & 4-(-3) & 5-0 \end{pmatrix} = \begin{pmatrix} 5 & 2 & -9 \\ 4 & 7 & 5 \end{pmatrix}$$

中味は計算テストに過ぎない」

「一般化なら知能テスト．行列 A, B で説明してもらおう」

「2つの行列 A, B は型が等しいときに限って，対応する成分どうしの差を求めて行列を作ることができる．その新しい行列を A, B の差といい $A-B$ で表わす．このときの新しい行列を作る演算が

減法……いいかえれば $(a_{ij}), (b_{ij})$ が同じ型のとき

$$(a_{ij}) - (b_{ij}) = (a_{ij} - b_{ij})$$

こんな調子では……」

「見事な猿まねです」

例3 A, B, C が次の行列のとき，$A - B - C$ を求めよ.

$$A = \begin{pmatrix} 3 & -5 \\ 0 & 8 \\ -4 & 1 \end{pmatrix}, B = \begin{pmatrix} 8 & -1 \\ -3 & 6 \\ 9 & 0 \end{pmatrix}, C = \begin{pmatrix} -5 & 3 \\ 5 & -6 \\ -4 & 8 \end{pmatrix}$$

解
$$A - B - C = \begin{pmatrix} 3-8+5 & -5+1-3 \\ 0+3-5 & 8-6+6 \\ -4-9+4 & 1-0-8 \end{pmatrix} = \begin{pmatrix} 0 & -7 \\ -2 & 8 \\ -9 & -7 \end{pmatrix}$$

「$8 - 5 = 8 + (-5)$ のように，数では減法を加法にかえることができた．これに似たことは行列でもできるのですか」

「きくよりは生むが早いといったほどのこと.

$$A - B = \begin{pmatrix} 9 & 7 \\ 2 & 5 \end{pmatrix} - \begin{pmatrix} 3 & 8 \\ 6 & 4 \end{pmatrix} = \begin{pmatrix} 9 & 7 \\ 2 & 5 \end{pmatrix} + \begin{pmatrix} -3 & -8 \\ -6 & -4 \end{pmatrix}$$

この具体例をみて気付かないとしたら，それこそ知能が疑われるよ」

「なるほど，

$$B = \begin{pmatrix} 3 & 8 \\ 6 & 4 \end{pmatrix} \text{ に対して } \begin{pmatrix} -3 & -8 \\ -6 & -4 \end{pmatrix}$$

を考えればよい」

「そう．その第2の行列を $-B$ で表せば $A-B$ は $A+(-B)$ にかわる．一般に，行列 B のすべての成分の符号をかえた行列を $-B$ で表すことにすればよい．$-5, -(-3)$ を $5, -3$ の反数と呼んだことにならって $-B$ は B の**反行列**というのです」

×　　　　　　　　　×

「数のうちで 0 は特異なもので，任意の数 a に対して $a+0=a$ であった．これに似たものは行列にもある．分るかね」

「そんな知能テストなら楽しい．

$$\begin{pmatrix} 5 & 4 \\ 6 & 3 \end{pmatrix} + \begin{pmatrix} 0 & 0 \\ 0 & 0 \end{pmatrix} = \begin{pmatrix} 5 & 4 \\ 6 & 3 \end{pmatrix}$$

成分がすべて 0 の行列でしょう」

「その行列の名は**零行列**で……．O で表すのが慣用」

「零行列といっても，型がいろいろあるが」

「型に関係なく，まとめて零行列というのです．もし型を示したいときは (m,n) 型ならば O_{mn} を用いればよい．加減のしめくくりとして，反行列と零行列の性質をまとめておこう．気がひけるほど，やさしいものばかりではあるが……」

定理 2　A, B, O を同じ型の行列とするとき

$$A - B = A + (-B), \quad -(-A) = A$$
$$A + O = O + A = A, \quad A + (-A) = (-A) + A = O$$

3　スカラー乗

「再び成績表に立ちもどろう，前に前期と後期の成績の和を求め

て次の行列を作った.

$$\begin{pmatrix} 173 & 141 & 142 \\ 180 & 175 & 177 \end{pmatrix}$$

学年末の成績を出すには, この行列の中のすべての数に $\dfrac{1}{2}$ をかければよい. 分数を避けるため $\dfrac{1}{2}$ は 0.5 としておけば

$$\begin{pmatrix} 0.5 \times 173 & 0.5 \times 141 & 0.5 \times 142 \\ 0.5 \times 180 & 0.5 \times 175 & 0.5 \times 177 \end{pmatrix}$$

これを一括して表すにはどうすればよいか」

「先が読めた. 行列の外から 0.5 をかける.

$$0.5 \times \begin{pmatrix} 173 & 141 & 142 \\ 180 & 175 & 177 \end{pmatrix}$$

僕の猿まね的発想ですが」

「それがズバリ, 行列の 0.5 倍です. $(3, 2)$ 型の行列で一般化すると, k をスカラーとするとき

$$k \begin{pmatrix} a_{11} & a_{12} & a_{13} \\ a_{21} & a_{22} & a_{23} \end{pmatrix} = \begin{pmatrix} ka_{11} & ka_{12} & ka_{13} \\ ka_{21} & ka_{22} & ka_{23} \end{pmatrix}$$

原理はいたって簡単ですね. 一般に行列 A のすべての成分を k 倍して作った行列を, A の **k 倍**といい kA で表し, この演算を**スカラー乗**という. $\left(a_{ij}\right)$ を用いれば

$$k\left(a_{ij}\right) = \left(ka_{ij}\right)$$

となって原理もズバリ示せる」

「k は必ず行列の左から掛ける約束ですか」

「いや, スカラーが実数のときは左右どちらでもよい, 実数の乗法は交換法則をみたすから, k を成分の左からかけても, 右からか

けても同じこと．スカラーの乗法が交換法則をみたさないときに，はじめて kA と Ak の区別が重要になる．さしあたり，スカラーはなるべく左側にかこうといった軽い気持で十分です」

例4 A, B が次の行列のとき $3A - 2B$ を計算せよ．

$$A = \begin{pmatrix} 3 & -2 \\ -5 & 0 \\ 6 & 4 \end{pmatrix}, B = \begin{pmatrix} 7 & -5 \\ 1 & -9 \\ 3 & 8 \end{pmatrix}$$

解
$$3A - 2B = \begin{pmatrix} 9 & -6 \\ -15 & 0 \\ 18 & 12 \end{pmatrix} - \begin{pmatrix} 14 & -10 \\ 2 & -18 \\ 6 & 16 \end{pmatrix} = \begin{pmatrix} -5 & 4 \\ -17 & 18 \\ 12 & -4 \end{pmatrix}$$

定理3 A, B を同じ型の行列とするとき

（ⅰ） $h(kA) = (hk)A$

（ⅱ） $k(A + B) = kA + kB$

（ⅲ） $(h + k)A = hA + kA$

（ⅳ） $1A = A, (-1)A = -A$

（ⅴ） $0A = O, kO = O$

「どれもあらたまって証明するほどのものではない．（ⅴ）に関連するものとして，次の例を取り挙げるにとどめたい」

例5 次の命題は正しいか．

$$kA = O ならば k = 0 または A = O$$

解　$k = 0$ のときと $k \neq 0$ のときに分ける.

$k = 0$ のとき結論は正しいから，与えられた命題は正しい.

$k \neq 0$ のとき $kA = O$ の雨辺に $\dfrac{1}{k}$ をかけて

$$\frac{1}{k}(kA) = O, \left(\frac{1}{k}k\right)A = O \quad \therefore \quad A = O$$

　　　　　　　×　　　　　　　　　　　　　×

「この証明，さっぱり分りません」

「どこが分らないのです」

「$k = 0$ のときです．$k = 0$ ならば "$k = 0$ または $A = O$" が正しいことは "または" の意味からわかる．しかし，結論が正しいならば，どうして命題全体が正しいのです？」

「条件文は結論が真ならば，つねに真だから」

「それが分らないのですよ」

「条件文の真偽表にもどるのが早道かな……この表で……結論 q が真のところをごらん．条件文 $p \longrightarrow q$ は真でしょう．仮定 p の真偽に関係なく……」

p	q	$p \to q$
真	真	真
真	偽	為
偽	真	真
偽	偽	真

「そんな表を押しつけられても，僕の頭が納得しない」

「やっかいな頭ですな．それなら，背理法によっては？　結論を否定してごらん」

「ド・モルガンの法則で $k \neq 0$ かつ $A \neq O$」」

「それと仮定の $kA = O$ とから矛盾を導けばよい．$k \neq 0$ だかう $\dfrac{1}{k}$ を $kA = O$ の両辺にかけて $A = O$，これは $A \neq O$ に矛盾する」

「なんだ．これなら分る」

「それで安心したよ」

4　乗法をどうきめるか

「度々成績を持ち出し，申訳けない気持だが，しばらくの間がまんしてほしい.

	前期	後期
井上	70	40
大沢	82	64
宮本	75	45

行列表現

$$\longrightarrow A = \begin{pmatrix} 70 & 40 \\ 82 & 64 \\ 75 & 45 \end{pmatrix}$$

学年末の成績を出すのに，後期に重みをつけることにし

$$\frac{\text{前期} \times 2 + \text{後期} \times 3}{5} = \text{前期} \times 0.4 + \text{後期} \times 0.6$$

によって計算することにした.

$$70 \times 0.4 + 40 \times 0.6$$
$$82 \times 0.4 + 64 \times 0.6$$
$$75 \times 0.4 + 45 \times 0.6$$

さて，この計算を一括して表したい……が当然の欲求」
　「いままでの演算を組合せると

$$\begin{pmatrix} 70 \\ 82 \\ 75 \end{pmatrix} \times 0.4 + \begin{pmatrix} 40 \\ 64 \\ 45 \end{pmatrix} \times 0.6$$

こうなるが……」
　「それでは行列 A が分解される. A を分解せずに表したいのだ. かける数は 0.4 と 0.6 の 2 つ. 並べ方によって 2 つの行列

$$B = \begin{pmatrix} 0.4 & 0.6 \end{pmatrix}, B' = \begin{pmatrix} 0.4 \\ 0.6 \end{pmatrix}$$

が考えられる」

「課題の意味がつかめた. AB とかくのがよいか, AB' とかくのがよいかということですね」

「勘がいいよ. その通りだ」

$$\text{第1案}\quad \begin{matrix}(0.4 & 0.6)\cdots\cdots B\end{matrix}$$
$$\begin{pmatrix}70 & 40\\82 & 64\\75 & 45\end{pmatrix}\cdots\cdots A$$

$$\text{第2案}\quad \begin{matrix}A & & B\\ \vdots & & \vdots\end{matrix}$$
$$\begin{pmatrix}70 & 40\\82 & 64\\75 & 45\end{pmatrix}(0.4 \quad 0.6)$$

$$\text{第3案}\quad \begin{matrix}A & & B'\\ \vdots & & \vdots\end{matrix}$$
$$\begin{pmatrix}70 & 40\\82 & 64\\75 & 45\end{pmatrix}\begin{pmatrix}0.4\\0.6\end{pmatrix}$$

「A の上に B を置けば, かけ合せる数が上下にピッタリ対応するが」

「アイデアとしておもしろいが, 式を右へ続けて書く横書きにそわない」

「じゃ, 第2案では……」

「第3案もある」

「そこで思案」

「君が, そんなシャレをとばす特技をもつとは……つゆ知らなかったよ」

「つきつめれば, どの約束を選ぶかでしょう」

「そうもいいきれない，数学の表現は何モノかを反映している．気まぐれに定めているようで，そうせざるを得ない，いやそうするのが合理的であるとの裏づけがあるわけだ」

「しかし何モノかが見えない」

「正直なところ，このままでは選択の手がかりがない．学年末の成績をきめる第2の案を補ってみよう．後期を重くみたために不合格がたくさん出たことに気づいた先生は，採点の甘かった前期に重みをつけることにし，次の公式を作った．

$$\frac{前期 \times 7 + 後期 \times 3}{10} = 前期 \times 0.7 + 後期 \times 0.3$$

この計算を第2案と第3案で表すと

第2案 $\begin{pmatrix} 70 & 40 \\ 82 & 64 \\ 75 & 45 \end{pmatrix} (0.7 \quad 0.3)$　　第3案 $\begin{pmatrix} 70 & 40 \\ 82 & 64 \\ 75 & 45 \end{pmatrix} \begin{pmatrix} 0.7 \\ 0.3 \end{pmatrix}$

もう1歩で手がかりが見えてくる」

「さっぱり見えないが」

「計算の結果と組合せると見えるのだ．第3案のとき

はじめの平均　　　　　　　　　　　あとの平均

$$\begin{pmatrix} 52.0 \\ 71.2 \\ 57.0 \end{pmatrix} = \begin{pmatrix} 70 & 40 \\ 82 & 64 \\ 75 & 45 \end{pmatrix} \begin{pmatrix} 0.4 \\ 0.6 \end{pmatrix} \qquad \begin{pmatrix} 61.0 \\ 76.6 \\ 66.0 \end{pmatrix} = \begin{pmatrix} 70 & 40 \\ 82 & 64 \\ 75 & 45 \end{pmatrix} \begin{pmatrix} 0.7 \\ 0.3 \end{pmatrix}$$

2つの平均を比較するため，並べてかけば

$$\begin{pmatrix} 52.0 & 61.0 \\ 71.2 & 76.6 \\ 57.0 & 66.0 \end{pmatrix} = \begin{pmatrix} 70 & 40 \\ 82 & 64 \\ 75 & 45 \end{pmatrix} \begin{pmatrix} 0.4 & 0.7 \\ 0.6 & 0.3 \\ \vdots & \vdots \end{pmatrix}$$
　　　① 　　②　　　　　　　　　　　　　　　①′ 　②′

第3案ならば，①´，②´は列を作り，それが①，②の列と対応する」

「なるほど，第2案だと，①´，②´は行になって①，②と合わない」

「そこで，第3案を選ぶことにするのだ．原理をつかむため文字で表わしてみる．

$$\begin{pmatrix} a_1 & a_2 \\ b_1 & b_2 \\ c_1 & c_2 \end{pmatrix} \begin{pmatrix} x_1 \\ x_2 \end{pmatrix} = \begin{pmatrix} a_1 x_1 + a_2 x_2 \\ b_1 x_1 + b_2 x_2 \\ c_1 x_1 + c_2 x_2 \end{pmatrix}$$

$$\begin{pmatrix} a_1 & a_2 \\ b_1 & b_2 \\ c_1 & c_2 \end{pmatrix} \begin{pmatrix} x_1 & y_1 \\ x_2 & y_2 \end{pmatrix} = \begin{pmatrix} a_1 x_1 + a_2 x_2 & a_1 y_1 + a_2 y_2 \\ b_1 x_1 + b_2 x_2 & b_1 y_1 + b_2 y_2 \\ c_1 x_1 + c_2 x_2 & c_1 y_1 + c_2 y_2 \end{pmatrix}$$

これが2つの行列の乗法のサンプルです．式は複雑でも原理はいたって単純なのだが」

例6 次の計算を行え．

(1) $\begin{pmatrix} 5 & 4 \\ 7 & 8 \end{pmatrix} \begin{pmatrix} 3 \\ 2 \end{pmatrix}$ 　　　(2) $\begin{pmatrix} 5 & 4 \\ 7 & 8 \end{pmatrix} \begin{pmatrix} 2 & 4 \\ 1 & 6 \end{pmatrix}$

(3) $\begin{pmatrix} 9 & 3 & 5 \\ 4 & 6 & 3 \end{pmatrix} \begin{pmatrix} 2 & 1 \\ 4 & 8 \\ 3 & 7 \end{pmatrix}$

解 (1) $\begin{pmatrix} 5 & 4 \\ 7 & 8 \end{pmatrix} \begin{pmatrix} 3 \\ 2 \end{pmatrix} = \begin{pmatrix} 5 \cdot 3 + 4 \cdot 2 \\ 7 \cdot 3 + 8 \cdot 2 \end{pmatrix} = \begin{pmatrix} 23 \\ 37 \end{pmatrix}$

(2) $\begin{pmatrix} 5 & 4 \\ 7 & 8 \end{pmatrix} \begin{pmatrix} 2 & 4 \\ 1 & 6 \end{pmatrix} = \begin{pmatrix} 5 \cdot 2 + 4 \cdot 1 & 5 \cdot 4 + 4 \cdot 6 \\ 7 \cdot 2 + 8 \cdot 1 & 7 \cdot 4 + 8 \cdot 6 \end{pmatrix} = \begin{pmatrix} 14 & 44 \\ 22 & 76 \end{pmatrix}$

$$(3)\begin{pmatrix} 9 & 3 & 5 \\ 4 & 6 & 3 \end{pmatrix}\begin{pmatrix} 2 & 1 \\ 4 & 8 \\ 3 & 7 \end{pmatrix} = \begin{pmatrix} 9\cdot2+3\cdot4+5\cdot3 & 9\cdot1+3\cdot8+5\cdot7 \\ 4\cdot2+6\cdot4+3\cdot3 & 4\cdot1+6\cdot8+3\cdot7 \end{pmatrix}$$

$$= \begin{pmatrix} 45 & 68 \\ 41 & 73 \end{pmatrix}$$

$\times$　　　　　　　　　　　$\times$

「これだけ例をあげれば，行列の乗法のからくりは飲み込めたであろう．乗法のできる 2 つ行列には制約がある．気付いたろうね」

「A,B の積では，A の行と B の列の成分を頭から順にかけてたすのだから，A の行の成分の数と B の列の成分の数が等しい」

「簡単にいえば，A が (l,m) 型で，B が (m',n) 型のとき $m=m'$ となること．つまり (l,m) 型にかけることのできるのは (m,n) 型なのだ．そして，その積は (l,n) 型になる」

$$(l,m)\,型 \times (m,n)\,型 = (l,n)\,型$$

等しい ―――――→ 消える

「分数の計算に似てますね．$\dfrac{l}{m} \times \dfrac{m}{n} = \dfrac{l}{n}$ にそっくり」

「そこが，行列の乗法の巧妙なところ」

「成分をかけてたすところ，分ることは分ったが，いい表わすのは自信がない」

「A の第 i 行と B の第 j 列の成分の積の和が AB の (i,j) 成分になるといえばよい．

$$\underset{第\,j\,列}{}\begin{pmatrix} & & \\ a_{i1}\cdots a_{ik}\cdots a_{im} & \\ & & \end{pmatrix}\overset{第\,i\,行}{\begin{pmatrix} b_{1j} \\ \vdots \\ b_{kj} \\ \vdots \\ b_{mj} \end{pmatrix}} = \begin{pmatrix} & \vdots & \\ \cdots\cdots c_{ij}\cdots\cdots \\ & \vdots & \end{pmatrix}$$

AB の (ij) 成分を求める式をかいてごらん」

「$a_{i1}b_{1j} + a_{i2}b_{2j} + \cdots\cdots + a_{ik}b_{kj} + \cdots\cdots + a_{im}b_{mj}$」，なんとも，やりきれない式ですよ」

「$\sum$ で表す練習をしておこう」

$$AB \text{ の } (i,j) \text{ 成分} = \sum_{k=1}^{m} a_{ik}b_{k_j}$$

変る文字

「この式をみて自信を失った」

「実例に戻っては……理解度をみるには退化型がよい」

例7 次の積を計算せよ.

$$(1)\ \begin{pmatrix} a & b & c \end{pmatrix} \begin{pmatrix} x \\ y \\ z \end{pmatrix} \qquad\qquad (2)\ \begin{pmatrix} a \\ b \\ c \end{pmatrix} \begin{pmatrix} x & y & z \end{pmatrix}$$

解

$$(1)\ ax + by + cz \qquad (2)\ \begin{pmatrix} ax & ay & az \\ bx & by & bz \\ cx & cy & cz \end{pmatrix}$$

$\times$ $\qquad\qquad\qquad\qquad$ $\times$

「意外な答ですね. よく考えれば，その通りだが」

「似て非なるもの，とはこのことでしょうね. 学生は（2）を（1）と混同しがちだ」

「型で確めれば安全. $(3,1)$ 型 $\times (1,3)$ 型 $= (3,3)$ 型でチェック」

5 乗法の性質

「乗法の性質で最初に気になるのは演算法則である. 結合法則と分配法則は成り立つのに交換法則は成り立たない」

「交換法則が成り立たないことは証明できるのですか」

「ここの "成り立たない" は "常に成り立つ" の否定です」

「じゃ, 反例を挙げればよい」

「反例はいくらでもある.

$$\begin{pmatrix} 8 & 5 \\ 3 & 4 \end{pmatrix}\begin{pmatrix} 1 & 2 \\ 6 & 7 \end{pmatrix} = \begin{pmatrix} 38 & 51 \\ 27 & 34 \end{pmatrix}, \begin{pmatrix} 1 & 2 \\ 6 & 7 \end{pmatrix}\begin{pmatrix} 8 & 5 \\ 3 & 4 \end{pmatrix} = \begin{pmatrix} 14 & 13 \\ 69 & 58 \end{pmatrix}$$

A, B を勝手に作れば, AB と BA が等しくなるのはまれ. それに積 AB は定義されても, 積 BA が定義されない場合だってある」

「A に B をかけることができるためには A は (l, m) 型で B は (m, n) 型でなければならない. さらに B に A をかけることができるためには $n = l$ だから A が (n, m) 型ならば B は (m, n) 型ですね」

「要するに, "行列の乗法は交換可能な場合がまれである" を忘れなければよいのだ」

定理 4　加法と乗法が可能な場合に次の法則が成り立つ.

（ i ）$(AB)C = A(BC)$ 　　　　　　　　　　　　（結合法則）

（ ii ）$A(B + C) = AB + AC$

　　　$(B + C)A = BA + CA$ 　　　　　　　　（分配法則）

「分配法則が 2 つあるが?」

「そんな質問をするとは情ない. 行列の乗法は交換可能とは限らないのだから, A を $B + C$ の左からかけるのと右からかけるのとの区別は決定的に重要なのだ」

「法則の成り立つことは, なんとなく予想できるが……証明はすごくやっかいそう」

「君の予想疑わしいよ. 交換法則は成り立ちそうで成り立たないことでも分る. 証明ヌキでは安心できない」

「僕の苦手な $\sum$ がこってり現れそう」

「$\sum$ はおそれることない．あれは見かけによらず単純な法則で支えられている．

（ i ）$\displaystyle\sum_i (a_i + b_i) = \sum_i a_i + \sum_i b_i$

（ii）k が変数 i を含まないとき $\displaystyle\sum_i k a_i = k \sum_i a_i$

（iii）$\displaystyle\sum_j \left(\sum_i a_{ij} \right) = \sum_i \left(\sum_j a_{ij} \right)$

（ i ）と（ii）は Σ の線形性と称するもので，高校で親しんだはず．（iii）は $\sum$ を 2 重に用いた場合の交換法則で……行列のすべての成分の和の求め方に 2 通りあることを表しているに過ぎない．

$$\begin{pmatrix} a_{11} & a_{12} \dots\dots a_{1n} \\ a_{21} & a_{22} \dots\dots a_{2n} \\ \cdots\cdots\cdots\cdots\cdots\cdots \\ \cdots\cdots\cdots\cdots\cdots\cdots \\ a_{m1} & a_{m2} \dots\dots a_{mn} \end{pmatrix}$$

$\displaystyle\sum_j \left(\sum_i a_{ij} \right)$ ……列ごとに上から下へ加え，その和を左から右へ加える．

$\displaystyle\sum_i \left(\sum_j a_{ij} \right)$ ……行ごとに左から右へ加え，その和を上から下へ加える．

了解か．a_i は i の関数だから $f(\mathrm{i})$ としてもよいもの．a_{ij} は i, j の関数で $f(i, j)$ と同じと思えばよい」

「説明をきいているうちはなるほどと思うが，式をみてもピンとこないのが僕のアタマ」

「無い知恵をしぼってもうらことにして証明にはいろう．結合法則よりも分配法則のほうがやさしいだろう」

（証明）（ii）分配法則 $A(B+C) = AB + AC$ の証明

$A = \left(a_{ij}\right), B\left(b_{ij}\right), C = \left(c_{ij}\right)$ とおくと

$$B + C = \left(b_{ij}\right) + \left(c_{ij}\right) = \left(b_{ij} + c_{ij}\right)$$

$A(B+C)$ の (i,j) 成分は

$$\sum_k a_{i_k}\left(b_{kj} + c_{kj}\right) = \sum_k \left(a_{i_k}b_{kj} + a_{i_k}c_{kj}\right)$$
$$= \sum_k a_{i_k}b_{kj} + \sum_k a_{i_k}c_{kj}$$

この式の第 1 項は AB の (i,j) 成分で，第 2 項は AC の (i,j) 成分である，その和は $AB + AC$ の (i,j) 成分

$$\therefore A(B+C) = AB + AC$$

（ⅰ）結合法則 $(AB)C = A(BC)$ の証明

$AB = D, BC = E$ とおいて $DC = AE$ を証明する.

前と同様に $A = \left(a_{ij}\right), D = \left(d_{ij}\right)$ などと表しておく.

$\qquad DC$ の (i,j) 成分は $\sum_k d_{i_k}c_{kj}$ ①

$\qquad D = AB$ の (i,k) 成分は $d_{ik} = \sum_h a_{i_h}b_{hk}$ ②

②を①に代入して　　　　DC の (i,j) 成分は

$$\sum_k \left(\sum_h a_{ih}b_{hk}\right) c_{kj} \cdots\cdots c_{kj} \text{ は } h \text{ を含まないから}$$
$$= \sum_k \left(\sum_h a_{ih}b_{hk}c_{kj}\right) \cdots\cdots \sum_k \text{ と } \sum_h \text{ を交換して}$$
$$= \sum_h \sum_k a_{ih}b_{hk}c_{kj} \cdots\cdots\cdots a_{ih} \text{ はを含まないから}$$
$$= \sum_h a_{ih} \left(\sum_k b_{hk}c_{kj}\right) \cdots\cdots (\ ) \text{ の中は } E \text{ の } (h,j) \text{ 成分}$$
$$= \sum_h a_{ih}e_{hj}$$

26

この式は AE の (i,j) 成分であるから $DC = AE$

$$\therefore \quad (AB)C = A(BC)$$

$\times$ $\times$

「分配法則の証明は，なんとかなるが，結合法則の証明はお手上げ……それでよいのですか」

「失礼なことをいうじゃない．証明の内容は A, B の積の (i,j) 成分が $\displaystyle\sum_k a_{ik}b_{kj}$ であることと，$\displaystyle\sum$ の3つ性質を繰り返し用いただけだ．変数の範囲は省いたが，補うのはやさしい」

「この証明が分らないと，先へすすめない？」

「いや，その心配は無用……法則の成り立つことは間違いないのだから安心して応用すればよい．証明はアタマを改造してからゆっくり読み返したまえ」

「まいった．その皮肉……」

「実例で確めるぐらいは済したいものだ」

例8 次の行列 A, B, C で $(AB)C = A(BC)$ を確めよ．

$$A = \begin{pmatrix} 5 & 1 & 2 \\ 4 & 0 & 3 \end{pmatrix}, \quad B = \begin{pmatrix} 8 & 2 \\ 5 & 7 \\ 0 & 6 \end{pmatrix}, \quad C = \begin{pmatrix} 3 \\ 2 \end{pmatrix}$$

解
$$(AB)C = \begin{pmatrix} 45 & 29 \\ 32 & 26 \end{pmatrix}\begin{pmatrix} 3 \\ 2 \end{pmatrix} = \begin{pmatrix} 193 \\ 148 \end{pmatrix}$$

$$A(BC) = \begin{pmatrix} 5 & 1 & 2 \\ 4 & 0 & 3 \end{pmatrix}\begin{pmatrix} 28 \\ 29 \\ 12 \end{pmatrix} = \begin{pmatrix} 193 \\ 148 \end{pmatrix}$$

$\times$ $\times$

「数の乗法では任意の数 a に対して $a \cdot 0 = 0, 0 \cdot a = 0$ であった．似た性質は行列の乗法にもあるが，零行列には型の違いがあるので

多少複雑である．たとえば

$$\begin{pmatrix} 3 & 7 \\ 4 & 5 \end{pmatrix}\begin{pmatrix} 0 \\ 0 \end{pmatrix} = \begin{pmatrix} 0 \\ 0 \end{pmatrix} \quad \begin{pmatrix} 3 & 7 \\ 4 & 5 \end{pmatrix}\begin{pmatrix} 0 & 0 & 0 \\ 0 & 0 & 0 \end{pmatrix} = \begin{pmatrix} 0 & 0 & 0 \\ 0 & 0 & 0 \end{pmatrix}$$

$$\begin{pmatrix} 0 & 0 \end{pmatrix}\begin{pmatrix} 3 & 7 \\ 4 & 5 \end{pmatrix} = \begin{pmatrix} 0 & 0 \end{pmatrix} \quad \begin{pmatrix} 0 & 0 \\ 0 & 0 \\ 0 & 0 \end{pmatrix}\begin{pmatrix} 3 & 7 \\ 4 & 5 \end{pmatrix} = \begin{pmatrix} 0 & 0 \\ 0 & 0 \\ 0 & 0 \end{pmatrix}$$

一般化はやさしかろう」

「A を (m,n) 型とすると

$$AO_{nr} = O_{mr}, \quad O_{sm}A = O_{sn}$$

r,s は任意だから，4 つの零行列の型は一般には違う」

「違うだけでなく，零行列自身定まらないのだ．数では零 0 は 1 個であったのに……」

「数では，零でない 2 数 a,b の積 ab は零でなかった．同様のことは行列でもいえるのですか」

「これしきの疑問は実例でさぐれば自力で解明できるものを……やっぱり君は過保護の 1 人息子だ．これをごらん．

$$\begin{pmatrix} 1 & 0 \\ 1 & 0 \end{pmatrix}\begin{pmatrix} 0 & 0 \\ 1 & 1 \end{pmatrix} = \begin{pmatrix} 0 & 0 \\ 0 & 0 \end{pmatrix}$$

右辺の 2 つはどちらも零行列でないのに積は零行列ですよ．次の例にあたれば，一層現実味をおびると思うが」

例 9 次の等式をみたす X はどんな行列か．

$$\begin{pmatrix} 2 & 3 \\ 4 & 6 \end{pmatrix} X = \begin{pmatrix} 0 & 0 & 0 \\ 0 & 0 & 0 \end{pmatrix}$$

解 X は $(2,3)$ 行列でなければならないから

$$X = \begin{pmatrix} x_1 & x_2 & x_3 \\ y_1 & y_2 & y_3 \end{pmatrix}$$

とおくと

$$\begin{pmatrix} 2x_1 + 3y_1 & 2x_2 + 3y_2 & 2x_3 + 3y_3 \\ 4x_1 + 6y_1 & 4x_2 + 6y_2 & 4x_3 + 6y_3 \end{pmatrix} = \begin{pmatrix} 0 & 0 & 0 \\ 0 & 0 & 0 \end{pmatrix}$$

$$\therefore \begin{cases} 2x_1 + 3y_1 = 0 \\ 4x_1 + 6y_1 = 0 \end{cases} \quad \begin{cases} 2x_2 + 3y_2 = 0 \\ 4x_2 + 6y_2 = 0 \end{cases} \quad \begin{cases} 2x_3 + 3y_3 = 0 \\ 4x_3 + 6y_3 = 0 \end{cases}$$

これらを解いて

$$\begin{cases} x_1 = 3t_1 \\ y_1 = -2t_1 \end{cases} \quad \begin{cases} x_2 = 3t_2 \\ y_2 = -2t_2 \end{cases} \quad \begin{cases} x_3 = 3t_3 \\ y_3 = -2t_3 \end{cases}$$

$$\therefore \quad X = \begin{pmatrix} 3t_1 & 3t_2 & 3t_3 \\ -2t_1 & -2t_2 & -2t_3 \end{pmatrix}$$

t_1, t_2, t_3 は任意の数だから X は無数にある.

$\times$ $\times$

「ここで知った数と行列の違いは決定的に重要です. A, B が零行列でないのに AB が零行列になるとき, A を B の**零因子**, B を A 零因子, あるいは, まとめて A, B を**零因子**というのです」

「零因子は数にはないが行列にはある……ということですね」

定理 5 （ i ）A を (m, n) 行列とするとき

$$AO_{nr} = O_{mr}, \quad O_{sm}A = O_{sn}$$

（ ii ）行列には零因子がある. すなわち

$$A \neq O, B \neq O, AB = O$$

をみたす行列 A, B が存在する.

×　　　　　×

「数の 1 は任意の数 a に対して $a \cdot 1 = a, 1 \cdot a = a$ をみたした. この 1 に似たものが行列にもありそうですが」

「考えるだけではダメだ. 実例に当ってみることだ. 砕けるつもりで……. 型の決定からはじめよう. $AX = A$ で A を (m, n) 型とすると X はどんな型か」

「(m, n) 型 $\times (n, ?)$ 型 $= (m, n$ 型$)$ となるはずだから？　のところは n……X は (n, n) 型です」

「A を $(3, 2)$ 型とすると X は $(2, 2)$ 型

$$AX = A, \begin{pmatrix} a_1 & a_2 \\ b_1 & b_2 \\ c_1 & c_2 \end{pmatrix} \begin{pmatrix} x_1 & x_2 \\ y_1 & y_2 \end{pmatrix} = \begin{pmatrix} a_1 & a_2 \\ b_1 & b_2 \\ c_1 & c_2 \end{pmatrix}$$

これをみたす x_1, x_2, y_1, y_2 を求めてごらん」

「左辺を計算して……」

「A は任意だから, 成分に簡単な数を代入する手がある」

「よくある手……思い出した. $a_2 = b_1 = 0$, その他を 1 とおいてみる.

$$\begin{pmatrix} 1 & 0 \\ 0 & 1 \\ 1 & 1 \end{pmatrix} \begin{pmatrix} x_1 & x_2 \\ y_1 & y_2 \end{pmatrix} = \begin{pmatrix} 1 & 0 \\ 0 & 1 \\ 1 & 1 \end{pmatrix} \longrightarrow \begin{array}{l} x_1 = 1, \quad x_2 = 0 \\ y_1 = 0, \quad y_2 = 1 \end{array}$$

おや, 値が求まった. X は $\begin{pmatrix} 1 & 0 \\ 0 & 1 \end{pmatrix}$ です」

「君のは必要条件……逆を確めなければダメ」

「いや，恥しい，僕の悪いくせが出た．

$$\begin{pmatrix} a_1 & a_2 \\ b_1 & b_2 \\ c_1 & c_2 \end{pmatrix} \begin{pmatrix} 1 & 0 \\ 0 & 1 \end{pmatrix} = \begin{pmatrix} a_1 & a_2 \\ b_1 & b_2 \\ c_1 & c_2 \end{pmatrix}$$

任意の A に対して $AX = A$ となった」

「一般化し，まとめたい．その前に新しい用語を補っておく．(n, n) 型の行列のことを **n 次の正方行列** というのです．

$$\begin{pmatrix} a_{11} & a_{12} & a_{13} \\ a_{21} & a_{22} & a_{23} \\ a_{31} & a_{32} & a_{33} \end{pmatrix} \longrightarrow \begin{pmatrix} a_{11} & 0 & 0 \\ 0 & a_{22} & 0 \\ 0 & 0 & a_{33} \end{pmatrix} \longrightarrow \begin{pmatrix} 1 & 0 & 0 \\ 0 & 1 & 0 \\ 0 & 0 & 1 \end{pmatrix}$$

　　　正方行列　　　　　　　　　対角行列　　　　　　　　単位行列

　正方行列では，左上から右下へ向から対角線を **主対角線**，その上に並んでいる成分 $a_{11}, a_{22}, \cdots\cdots$ を **対角成分** という．行列のうち対角成分以外の成分がすべて 0 のものは **対角行列** という．対角行列のうち，とくに対角成分がすべて 1 のものを **単位行列** と呼び，E または I で表す．n 次の正方行列 A は，いままでの方式で型をそえると A_{nn} となるが，略して A_n とかくこともある．単位行列では E_n というように……用意ができたから，先に知ったことをまとめておく」

定理 6　A を (m, n) 型の行列，E を単位行列とすると

$$AE_n = A, \quad E_m A = A$$

「証明するほどのものでない」

「具体例ではそう思えても，手を
つけてみるとそうでもない．この証
明には**クロネッカー**（Kronecker）
の記号と称するものを導入してお
くと好都合である．この記号は2変
数 i, j の関数で，$i \neq j$ のときは値が
$0, i = j$ のときは値が1になるもの
である．

$$f(i, j) = \begin{cases} 0 & (i \neq j) \\ 1 & (i = j) \end{cases}$$

クロネッカー
（1823〜1891）

もちろん，i, j は自然数である」

「そんなものが，どうして重要か」

「馬鹿にするものじゃない．便利なものは，
とかく平凡なために凡人は気付かず非凡な
人間の創造を待つことになるものだ．広く
出回っている＋ねじがそのよい例ですよ．
－を＋にかえるだけなのに，誰も気付かな
かったでしょうが．発明者は億万長者になっ
たといううわさだ．クロネッカーの記号は
$f(i, j)$ を δ_{ij} で表わすのが慣用です」

$$\begin{pmatrix} 1 & 0 & \cdots\cdots & 0 \\ 0 & 1 & \cdots\cdots & 0 \\ & & \cdots\cdots & \\ & & \cdots\cdots & \\ 0 & 0 & \cdots\cdots & 1 \end{pmatrix}$$
$$\downarrow$$
$$\begin{pmatrix} \delta_{11} & \delta_{12} & \cdots\cdots & \delta_{1n} \\ \delta_{21} & \delta_{22} & \cdots\cdots & \delta_{2n} \\ & & \cdots\cdots & \\ & & \cdots\cdots & \\ \delta_{n1} & \delta_{n2} & \cdots\cdots & \delta_{nn} \end{pmatrix}$$
$$\downarrow$$
$$(\delta_{ij})$$

$$\delta_{ij} = \begin{cases} 0 & (i \neq j) \\ 1 & (i = j) \end{cases}$$

これを用いると単位行列は (δ_{ij}) とかくだけでよい」

「なるほどね，非凡さが分りかけて来た」

「では，クロネッカー先生の創意に感謝しつつ，定理の証明に挑
戦しよう」

（証明） $AE_n = A$ の証明 $A = (a_{ij})$, $E_n = (\delta_{ij})$, $AE_n = (c_{ij})$ とおくと，行列の積の定義によって

$$c_{ij} = \sum_{k=1}^{n} a_{ik}\delta_{kj}$$

δ_{kj} は $k \neq j$ のとき 0 で，$k = j$ のとき 1 だから，上の式のうち 0 でない項は $k = j$ のものに限る．

$$c_{ij} = a_{ij}\delta_{jj} = a_{ij} \times 1 = a_{ij}$$
$$\therefore AE_n = (c_{ij}) = (a_{ij}) = A$$

$E_n A = A$ の証明も上と同様である．

例 10 A を (m, n) 行列，K は対角成分がすべて k に等しい右のような対角行列であるとき

$$K = \begin{pmatrix} k & 0 & \cdots\cdots & 0 \\ 0 & k & \cdots\cdots & 0 \\ \multicolumn{4}{c}{\cdots\cdots\cdots\cdots\cdots} \\ \multicolumn{4}{c}{\cdots\cdots\cdots\cdots\cdots} \\ 0 & 0 & \cdots\cdots & k \end{pmatrix}$$

$$K_m A = kA, \quad AK_n = kA$$

が成り立つことを示せ．

解 $K_m = kE_m$, $K_n = kE_n$

$$K_m A = (kE_m)A = k(E_m A) = kA$$
$$AK_n = A(kE_n) = k(AE_n) = kA$$
$$\times \qquad\qquad\qquad \times$$

「この例に現れた行列 K は行列の演算でみると K をかけることはスカラー k をかけることと同じである．この行列に名をつけるとしたら何がよいと思うね」

「スカラー k に似ているから**スカラー行列**はどうか」

「慣用とズバリ一致した．このように行列の中には特異な性質をもったものがいろいろあって理論上も実用上も重要なのであるが，

それを学ぶには，それ相応に準備が必要……先へ行って取り挙げる
機会を待つことにしよう」

6　転置という名の操作

「2次元の表で，横の欄と縦の欄をいれかえることがある．

	国語	数学	英語
井上	84	73	80
大沢	70	59	92

$\longrightarrow$

	井上	大沢
国語	84	70
数学	73	59
英語	80	92

これを，そのまま行列へうつしかえると

$$A = \begin{pmatrix} 84 & 73 & 80 \\ 70 & 59 & 92 \end{pmatrix} \longrightarrow B = \begin{pmatrix} 84 & 70 \\ 73 & 59 \\ 80 & 92 \end{pmatrix}$$

$(2,3)$ 型　　　　　　　　　　　　　$(3,2)$ 型

このように，行列 A の行と列をいれかえて新しい行列 B を作る操
作を**転置**といい，新しく作った行列 B をとの行列 A の**転置行列**と
いう．

A の転置行列の表し方は ${}^t A, A'$ などいろいろあるが，ここでは ${}^t A$
を用いることにする．左かたの t の源は transpose」

「なぜ A^t としないのです？」

「A の t 乗と区別するためです．A と ${}^t A$ とは型が違うことに注意
しよう．くわしくみて A が (m,n) 型ならば ${}^t A$ は (n,m) 型になる
ことも……」

「転置を行っても型が変らないのは (n,n) 型だけ」

「そう．正方行列に限る．転置と行列の演算との関係に目を向け
てみたい．加法とスカラー乗の場合はやさしい」

「それなら僕でも予想がつく．加法のときは ${}^t (A+B) = {}^t A + {}^t B$,

スカラー乗のときは $^t(cA) = c^tA$ ですね」

「行列どうしの乗法のときは？」

「$^t(AB) = {}^tA{}^tB$ でしょう」

「残念でした」

「ダメか．実例で挑戦してみる．

$$A = \begin{pmatrix} a_1 & a_2 \\ b_1 & b_2 \end{pmatrix}, \quad B = \begin{pmatrix} x_1 & y_1 \\ x_2 & y_2 \end{pmatrix} \text{ とすると}$$

$$AB = \begin{pmatrix} a_1x_1 + a_2x_2 & a_1y_1 + a_2y_2 \\ b_1x_1 + b_2x_2 & b_1y_1 + b_2y_2 \end{pmatrix}$$

$$^t(AB) = \begin{pmatrix} a_1x_1 + a_2x_2 & b_1x_1 + b_2x_2 \\ a_1y_1 + a_2y_2 & b_1y_1 + b_2y_2 \end{pmatrix} = (?)(?)$$

やっぱり $^tA{}^tB$ にはならない.」

「この行列で a, b と x, y の順序をかえてごらん．意外な事実に気付くだろうよ」

「文字の順序をかえて……

$$^t(AB) = \begin{pmatrix} x_1a_1 + x_2a_2 & x_1b_1 + x_2b_2 \\ y_1a_1 + y_2a_2 & y_1b_1 + y_2b_2 \end{pmatrix} = \begin{pmatrix} x_1 & x_2 \\ y_1 & y_2 \end{pmatrix}\begin{pmatrix} a_1 & b_1 \\ a_2 & b_2 \end{pmatrix}$$

おや，$^tB{}^tA$ に等しい」

「意外でしょう．勘は重要だが頼り過ぎてもいけない」

定理7 （ⅰ）任意の行列 A について $^t({}^tA) = A$

（ⅱ）A, B が同じ型のとき $^t(A + B) = {}^tA + {}^tB$

（ⅲ）任意の行列 A について $^t(cA) = c^tA$

（ⅳ）A が (l, m) 型，B が (m, n) 型のとき $^t(AB) = {}^tB{}^tA$

「（ⅰ），（ⅱ），（ⅲ）は証明するまでもない」

「偉そうなことをいうね.では (ii) を証明してごらん」

「$A = \left(a_{ij}\right), B = \left(b_{ij}\right)$ とおくと $A + B = \left(a_{ij} + b_{ij}\right)$ だから ${}^t(A + B) = \cdots\cdots??$」

「それごらん.実例では馬鹿らしいほどやさしくても,一般の証明はやりにくいことがある.この定理がよいサンプルですよ.解明のカギは ${}^tA$ の (i, j) 成分が A のどの成分になるかをはっきりつかむことにある.実例で見当をつけてごらん」

$$A = \begin{pmatrix} a_{11} & a_{12} & a_{13} \\ a_{21} & a_{22} & a_{23} \end{pmatrix} \quad {}^tA = \begin{pmatrix} a_{11} & a_{21} \\ a_{12} & a_{22} \\ a_{13} & a_{23} \end{pmatrix}$$

「${}^tA$ の $(1, 2)$ 成分は $a_{21}, (3, 1)$ 成分は $a_{13}, (3, 2)$ 成分は a_{23},$\cdots\cdots$分った.一般に ${}^tA$ の (i, j) 成分は A の成分 a_{ji} です」

「そう.${}^tA = \left(x_{ij}\right)$ とおくと $x_{ij} = a_{ji}\cdots\cdots i$ と j がいれかわる.これが分れば,証明はわけない」

(証明) (i) と (iii) の証明は略す.

(ii) の証明 $A = \left(a_{ij}\right), B = \left(b_{ij}\right)$ とおくと $A + B = \left(a_{ij} + b_{ij}\right)$

$\quad {}^t(A + B)$ の (i, j) 成分 $= a_{ji} + b_{ji}$

$\qquad\qquad\qquad\qquad = {}^tA$ の (i, j) 成分 ${}^tB$ の (i, j) 成分

$$\therefore \quad {}^t(A + B) = {}^tA + {}^tB$$

(iv) の証明 $AB = \left(c_{ij}\right)$ とおくと $c_{ij} = \sum_k a_{ik}b_{kj}$

この式の i とをいれかえて

$${}^t(AB) の (i, j) 成分 = c_{ji} = \sum_k a_{jk}b_{ki}$$

${}^tA = \left(x_{ij}\right), {}^tB = \left(y_{ij}\right)$ とおくと $a_{jk} = x_{kj}, b_{ki} = y_{ik}$ だから

$$c_{ji} = \sum_k x_{kj}y_{ik} = \sum_k y_{ik}x_{kj}$$

36

この式は $^tB^tA$ の (i,j) 成分に等しい.

$$\therefore \quad {}^t(AB) = {}^tB^tA$$

×　　　　　　　　×

「さえない顔だ. 証明……分ったのかね」

「（ii）は分るが，（iv）がどうもね」

「わかってしまえば $\sum$ の妙味，分からなければ $\sum$ は妖怪ですか」

「申訳ないが妖怪です」

「証明が分るかどうかは，大会社に就職するか中小企業に就職するかの違いのようなもの……将来のことは不確定だ. 証明は分らなくても応用に支障はない. 自信をもって前向きに……コンプレックスを抱くと 10 の能力も 5 に落ちるからね」

×　　　　　　　　×

「行列のうち行が 1 つののと列が 1 つのものに，それだけで数学の 1 つの分野を構築するので，別の呼び名がある」

「ベクトルでしょう」

「くわしくは**行ベクトル**と**列ベクトル**.

行ベクトル　　　　　　列ベクトル

$$(\ a_1\quad a_2\ )$$
$$(\ a_1\quad a_2\quad a_3\ )$$
………………

$$\begin{pmatrix} a_1 \\ a_2 \end{pmatrix} \begin{pmatrix} a_1 \\ a_2 \\ a_3 \end{pmatrix} \vdots$$

行列をいままでは大文字 A, B などで表して来たが，ベクトルを特殊扱いしたいときは a, b など太字の小文字で表す慣用がある」

「行ベクトルも列ベクトルも？」

「いや，行列の仲間としてみると行ベクトルと列ベクトルは別のものですからね. 同じ文字では混乱するよ. 幸なことに，一方は他方に転置を行ったものになっているから，一方を a で表せば他方

は $^t\boldsymbol{a}$ で表される」

「どちらを $\boldsymbol{a}$ で表すのですか」

「それはね，最初の約束による．ベクトルを主として列ベクトルで書くときはそれを $\boldsymbol{a}$ で表し，たまたま行ベクトルで書く必要が起きたらそれぞれを $^t\boldsymbol{a}$ で表すことにすればよい」

例 11 $\boldsymbol{x}=\begin{pmatrix}x_1\\x_2\end{pmatrix},\quad A=\begin{pmatrix}a&h\\h&b\end{pmatrix}$ のとき $\boldsymbol{x}^tA\boldsymbol{x}$ を計算せよ.

解
$$^t\boldsymbol{x}A\boldsymbol{x}=\begin{pmatrix}x_1&x_1\end{pmatrix}\begin{pmatrix}a&h\\h&b\end{pmatrix}\begin{pmatrix}x_1\\x_2\end{pmatrix}=\begin{pmatrix}x_1&x_2\end{pmatrix}\begin{pmatrix}ax_1+hx_2\\hx_1+bx_2\end{pmatrix}$$
$$=x_1(ax_1+hx_2)+x_2(hx_1+bx_2)$$
$$=ax_1^2+2hx_1x_2+bx_2^2$$

練習問題—1

1 $A=\begin{pmatrix}2&5&-1\\0&-3&6\end{pmatrix}, B=\begin{pmatrix}0&7&0\\8&-5&-4\end{pmatrix}$ のとき，次の等式をみたす行列 X を求めよ.

(1) $X+A=B$ (2) $3X+2B=3A-2X$

2 次の等式をみたす x,y,z を a,b,c,d で表せ.

$$\begin{pmatrix}a&b\\c&d\end{pmatrix}=\begin{pmatrix}a&b\\0&d\end{pmatrix}\begin{pmatrix}x&0\\y&z\end{pmatrix}\quad(ad\neq0)$$

3 $\begin{pmatrix}3&5\\1&2\end{pmatrix}$ と乗法について可換な行列を求めよ.

4 次の乗法を行え.

(1) $\begin{pmatrix} 2 & 1 & -3 & 4 \\ -5 & 4 & 2 & 1 \end{pmatrix} \begin{pmatrix} 3 & 2 \\ -5 & 3 \\ 1 & 6 \\ 2 & -1 \end{pmatrix}$

(2) $\begin{pmatrix} -3 & 3 & -1 \\ 3 & -4 & 2 \\ -1 & 2 & -1 \end{pmatrix} \begin{pmatrix} 0 & 4 & -2 \\ 0 & 5 & -2 \\ 3 & 0 & 1 \end{pmatrix} \begin{pmatrix} 0 & 1 & 2 \\ 1 & 2 & 3 \\ 2 & 3 & 3 \end{pmatrix}$

5 右の行列 A の成分はすべて実数で

$$A^t A = O$$

$$A = \begin{pmatrix} a & b & c \\ p & q & r \end{pmatrix}$$

をみたすとき，$A = O$ であることを示せ.

6 任意の $(2,2)$ 型の行列と交換可能な行列はどんは行列か.

7 任意の $(3,3)$ 型の行列と交換可能な行列はどんな行列か.

§2. 正方行列

1 正方行列の特徴を探る

「(n,n) 型の行列を **n 次正方行列**ということは前に触れた．しかし，n 次正方行列では長過ぎるから略して **n 次行列**ということにしよう．次に n 次行列の特徴，とくに演算に関するものを振り返り先へ進む指標をさぐるのが当面の課題です．もっと源の行列一般に戻ってみると，加法，減法は型が同じでないと出来ない．乗法 AB は A の列の個数と B の行の個数が等しくないと出来ない．ところが n 次行列のみに制限すると，加減と乗法がつねにできる．このごろはやりのいい方によれば……」

「加法，減法，乗法について閉じている」

「くわしくいえば n 次行列は加法，減法，乗法について閉じている．この特徴は実数と同じですね．次に演算の法則をくらべてみよう．加法でみると，どちらも結合法則，交換法則をみたす．問題は乗法ですね」

「結合法則と分配法則はどちらでも成り立つが，交換法則は行列では成り立たない」

「そう．この違いは重要です．行列の乗法では一時も無視できない，たとえば，実数では $(a+b)^2 = a^2 + 2ab + b^2$ であるが，n 次行列では

$$(A+B)^2 = (A+B)(A+B) = A(A+B) + B(A+B)$$
$$= A^2 + AB + BA + B^2 = ?$$

ここで行止り．AB と BA が等しいとは限らないから $AB + BA$ を $2AB$ とすることは，一般にはできない」

「実数の 0 と 1 に似たものは n 次行列にもありますね．零行列の O_{nn} と単位行列の E_n がそれでしょう」

「これも見逃せない類似点．いま問題にしている対象は n 次行列だから n を省略し O, E を用いたので十分だ．群論の用語でみると

0 と O は加法の単位元と称するもので，次の特性をもっている．

実数 n 次行列

すべての実数 a に対して すべての n 次行列 A に対して

$$a + 0 = 0 + a = a \qquad A + O = O + A = A$$

$$a + (-a) = (-a) + a = 0 \qquad A + (-A) = (-A) + A = O$$

同様に 1 と E は乗法の単位元と称するもので

実数 n 次行列

すべての実数 a に対して すべての n 次行列 A に対して

$$a1 = 1a = a \qquad\qquad AE = EA = A$$

$$aa^{-1} = a^{-1}a = 1 \qquad\qquad ?$$

n 次行列のほうに，あってほしいものがない」

「それを探るのが今後の課題？」

「そう $AX = XA = E$ をみたす X があるかどうか．もしあったとすれば，その X を A^{-1} で表すと $AA^{-1} = A^{-1}A = E$ となって，n 次行列は実数に一層似るわけです」

「目標がはっきり見えて意欲がわいて来ました」

×　　　　　　　　×

「一般的に考えては気が重い，簡単な実例に当ってみよう」

「実数のときは，$a \neq 0$ ならば $ax = xa = 1$ をみたす x が1つあって，その x を a^{-1} で表した．n 次行列でも $A \neq O$ ならば $AX = XA = E$ をみたす X は1つあるそうですね」

「ストレートに予想すればそうなるが，予想はあくまで予想，確めるのでないと不安……それで実例にあたってみたい」

「簡単なものといえば2次行列，たとえば

$$A = \begin{pmatrix} 2 & 5 \\ 1 & 3 \end{pmatrix} \text{ に対して} X = \begin{pmatrix} x & y \\ z & u \end{pmatrix}$$

42

とおくと

$$\begin{pmatrix} 2 & 5 \\ 1 & 3 \end{pmatrix}\begin{pmatrix} x & y \\ z & u \end{pmatrix} = \begin{pmatrix} x & y \\ z & u \end{pmatrix}\begin{pmatrix} 2 & 5 \\ 1 & 3 \end{pmatrix} = \begin{pmatrix} 1 & 0 \\ 0 & 1 \end{pmatrix}$$

$$\begin{pmatrix} 2x+5z & 2y+5u \\ x+3z & y+3u \end{pmatrix} = \begin{pmatrix} 2x+y & 5x+3y \\ 2z+u & 5z+3u \end{pmatrix} = \begin{pmatrix} 1 & 0 \\ 0 & 1 \end{pmatrix}$$

$2x+5z=1 \quad 2y+5u=0 \quad 2x+y=1 \quad 5x+3y=0$

$x+3z=0 \quad y+3u=1 \quad 2z+u=0 \quad 5z+3u=1$

おや，未知数が４つなのに方程式は８つ」

「驚くことはない，適当に組合せて解き，残りに代入してみればよい．１次だから計算は簡単」

「左端の２式から $x=3, z=-1$ で，次の２式から $y=-5, u=2$；この値は残りの４式をみたす．X が求まった．

$$X = \begin{pmatrix} 3 & -5 \\ -1 & 2 \end{pmatrix}$$

念のため確める．

$$\begin{pmatrix} 2 & 5 \\ 1 & 3 \end{pmatrix}\begin{pmatrix} 3 & -5 \\ -1 & 2 \end{pmatrix} = \begin{pmatrix} 6-5 & -10+10 \\ 3-3 & -5+6 \end{pmatrix} = \begin{pmatrix} 1 & 0 \\ 0 & 1 \end{pmatrix}$$

$$\begin{pmatrix} 3 & -5 \\ -1 & 2 \end{pmatrix}\begin{pmatrix} 2 & 5 \\ 1 & 3 \end{pmatrix} = \begin{pmatrix} 6-5 & 15-15 \\ -2+2 & -5+6 \end{pmatrix} = \begin{pmatrix} 1 & 0 \\ 0 & 1 \end{pmatrix}$$

確かに X は $AX = XA = E$ をみたしている」

「今度は僕が問題を出そう．

$$A = \begin{pmatrix} 1 & 2 \\ 3 & 6 \end{pmatrix}$$

この２次行列ではどうか」

「前と同じことでしょう」

「いや，分らん，当ってみないことには……」

「X を前と同様に表して

$$\begin{pmatrix} 1 & 2 \\ 3 & 6 \end{pmatrix} \begin{pmatrix} x & y \\ z & u \end{pmatrix} = \begin{pmatrix} x & y \\ z & u \end{pmatrix} \begin{pmatrix} 1 & 2 \\ 3 & 6 \end{pmatrix} = \begin{pmatrix} 1 & 0 \\ 0 & 1 \end{pmatrix}$$

$$x + 2z = 1, \quad y + 2u = 0, \quad x + 3y = 1, 2x + 6y = 0$$

$$3x + 6z = 0, \quad 3y + 6u = 1, \quad z + 3u = 0, \quad 2z + 6u = 1$$

左端の 2 式から z を消去すると $0 = 3$，おや，解がない」

　「それごらん，同様に……でかたつけけることの危険．災害は忘れたころに来るか．この例では $AX = XA = E$ をみたす X がない」

　「意外ですね，A は O に等しくないのに……」

　「そこが n 次行列の実数にはみられない特徴……」

　「それで，一層，n 次行列では $AX = XA = E$ をみたす X があるための条件が重要なのですね」

　「しかし，残念なことに，その条件を求めるのはやさしくない．行列の入門は，その条件を明かにするのが目標……そういってもいい過ぎではないのだ」

　「その条件，知りたい」

　「あせってもむり．その気持分らないでもないが」

　「チラリと願いますよ」

　「ハハァ，チラリとね．では……行列式でみると A の作る行列式 $|A|$ が 0 でないこと……行列のランクでみれば A のランクが n に等しいこと…そのほかにもいろいろあるが，今後の第 1 目標はランクのほうだ．しかし，それまでの道程は長い．息が切れるほどでもないが」

2　正則とその性質

　「正方行列 A に対して $AX = XA = E$ をみたす X の存在する条

44

件を知るのがやさしくないとすると，X 自身を求めることもやさしいはずがない」

「では，さし当たり，なにをやるのです」

「X が存在すると仮定して，X の性質を調べること．これならばやることが多少あって，存在条件を調べる手助けになるのだ．これぞと思う女性が見つかったら，その女性の素性をあれこれ探るようなものですよ．どう．これなら思い当ることがあるだろう」

「いえ，僕は好きな子がいたら，すぐプロポーズ」

「そして 2 年後に離婚！　そんなの数学を学ぶ手本には縁遠い．外堀をうめ，内堀をうめ，最後に本丸へ……数学は家康流でないとね．あの気みじかな信長でも戦いは用心深かった」

×　　　　　　×

「これからやることは重要だから推論をきめ細かく……そのスタートに当たる定義は厳密に……正方行列 A に対して

$$AX = E, \quad XA = E$$

A の**逆行列**といい，A は**正則**であるという」

「先の 2 つの実例でみると

$$\begin{pmatrix} 2 & 5 \\ 1 & 3 \end{pmatrix} \text{は正則で，その逆行列は} \begin{pmatrix} 3 & -5 \\ -1 & 2 \end{pmatrix}$$

$$\begin{pmatrix} 1 & 2 \\ 3 & 6 \end{pmatrix} \text{は正則でなく，逆行列がない．}$$

ということですね」

「この例から "$A \neq O$ でも，A は正則とは限らない" も分った」

「数のときは $ax = xa = 1$ をみたす x は，$a \neq 0$ のとき 1 つしかなかった．正方行列では $AX = XA = E$ をみたす X は 2 つ以上あってもよいのですか．定義では "少くとも 1 つあるとき" となっているが」

「いいところに気付いた．実はね，X は１つしかないのですよ．くわしくいうと，$AX = XA = E$ をみたす X があったとすると，その X は１つだけなのだ．それで，次の定理を……」

定理8　A を n 次正方行列，E を n 次単位行列とするとき

$$AX = E, XA = E$$

をともにみたす X はあったとしても１つに限る．

（証明） 上の２式をともにみたす X が２つ以上あったとし，その中の２つを $X_1, X_2 (X_1 \neq X_2)$ とすると

$$AX_1 = E \cdots\cdots ① \qquad X_1 A = E \cdots\cdots ②$$
$$AX_2 = E \cdots\cdots ③ \qquad X_2 A = E \cdots\cdots ④$$

①の両辺の左側から X_2 をかけて $X_2(AX_1) = X_2 E$

$$\therefore \quad X_2 A X_1 = X_2 \qquad\qquad ⑤$$

④の両辺の右側から X_1 をかけて $(X_2 A) X_1 = E X_1$

$$\therefore \quad X_2 A X_1 = X_1 \qquad\qquad ⑥$$

⑤，⑥から $X_1 = X_2$，これは仮定の $X_1 \neq X_2$ に矛盾する．

　　　　　　×　　　　　　　　　×

「ヘンですよ．証明で②と③を用いていません」

「仮定をすべて用いなくとも証明は誤りでない．用いない仮定があるのは仮定が多過ぎるということ．つまり仮定が強過ぎること」

「じゃ，仮定をゆるめた定理を作れますね」

「仮定から②と③を省いたもの……

$$AX_1 = E \text{ をみたす } X_1 \text{ があり} \atop X_2 A = E \text{ をみたす } X_2 \text{ がある} \Bigg\} \text{ならば } X_1 = X_2$$

この証明は定理の証明と変らない．しかも，証明中に A, X_1, X_2 が行列であることも用いない」

「ということは，先の定理も，上の定理も行列以外のものにもあてはまること？」

「そう．一般に集合 G の元にある演算 $\circ$ が定められており，結合法則をみたし，かつ単位元 e があるとする．そうすれば G の元 a について

$$a \circ x_1 = e \text{ をみたす } x_1 \text{ があり} \atop x_2 \circ a = e \text{ をみたす } x_2 \text{ がある} \Bigg\} \text{ならば } x_1 = x_2$$

が成り立つのです」

「具体例で探りをいれることもたいせつだが，一般化によって見透しをよくし，一段高いところから見下すことのたいせつさも分ってうれしい」

「ある条件をみたすものが 1 つだけ定まるとき，数学では，**一意に定まる**とか一意に決定するとかいう．定理によると，A が正則のとき，逆行列は一意に定まる．その 1 つしかない逆行列を

$$A^{-1}$$

で表す」

「もし，2 つ以上あったら，どれを A^{-1} で表すのかはっきりしないのだから，この定理は有難いですね」

×   ×

「正則と逆行列にはいろいろの性質がある．それを，もれなくまとめておこう」

定理 9　（ⅰ）A を正則とすると $AA^{-1} = A^{-1}A = E$

（ⅱ）A が正則ならば A^{-1} も正則でその逆行列は A に等しい. すなわち

$$(A^{-1})^{-1} = A$$

（ⅲ）A, B が正則ならば AB も正則で, その逆行列は $B^{-1}A^{-1}$ に等しい. すなわち

$$(AB)^{-1} = B^{-1}A^{-1} \quad （A, B \text{ の順序に注意}）$$

（ⅳ）A が正則ならば ${}^t A$ も正則で, その逆行列は ${}^t(A^{-1})$ に等しい. すなわち

$$({}^t A)^{-1} = {}^t(A^{-1})$$

（証明）（ⅰ）は逆行列の定義からあきらか.

（ⅱ）A を正則とすると逆行列 A^{-1} があって,（ⅰ）の 等式をみたす. ここで $A^{-1} = C$ とおくと $AC = CA = E$

$$\therefore \quad CA = AC = E$$

この式は C が正則で, その逆行列は A であることを示す.

$$\therefore \quad C^{-1} = A \quad \therefore \quad (A^{-1})^{-1} = A$$

（ⅲ）A, B を正則とすると逆行列 A^{-1}, B^{-1} があって $AA^{-1} = A^{-1}A = E, BB^{-1} = B^{-1}B = E$, ここで $B^{-1}A^{-1} = X$ とおくと

$$(AB)X = (AB)(B^{-1}A^{-1}) = A(BB^{-1})A^{-1} = AA^{-1} = E$$

$$X(AB) = (B^{-1}A^{-1})(AB) = B^{-1}(A^{-1}A)B = B^{-1}B = E$$

この 2 式から AB は正則で, その逆行列は X である.

$$\therefore (AB)^{-1} = X = B^{-1}A^{-1}$$

48

（iv）A を正則とすると $AA^{-1} = A^{-1}A = E$, この各辺に転置を行うと

$$^t\left(AA^{-1}\right) = {}^t\left(A^{-1}A\right) = {}^tE \quad \therefore {}^t\left(A^{-1}\right){}^tA = {}^tA{}^t\left(A^{-1}\right) = E$$

この式は ^tA は正則で，その逆行列は $^t\left(A^{-1}\right)$ であることを表す.

$$\therefore \quad \left({}^tA\right)^{-1} = {}^t\left(A^{-1}\right)$$

例 12 次の行列 A, B の逆行列が与えられている.

$$A = \begin{pmatrix} 2 & 5 \\ 1 & 3 \end{pmatrix}, \quad B = \begin{pmatrix} 5 & -8 \\ 2 & -3 \end{pmatrix}, \quad A^{-1} = \begin{pmatrix} 3 & -5 \\ -1 & 2 \end{pmatrix}, \quad B^{-1} = \begin{pmatrix} -3 & 8 \\ -2 & 5 \end{pmatrix}$$

（1）AB の逆行列を求めよ.

（2）$^tA, {}^tB$ の逆行列を求めよ.

解 （1）$(AB)^{-1} = B^{-1}A^{-1} = \begin{pmatrix} -3 & 8 \\ -2 & 5 \end{pmatrix} \begin{pmatrix} 3 & -5 \\ -1 & 2 \end{pmatrix}$

$$= \begin{pmatrix} -17 & 31 \\ -11 & 20 \end{pmatrix}$$

（2）$\left({}^tA\right)^{-1} = {}^t\left(A^{-1}\right) = \begin{pmatrix} 3 & -5 \\ -1 & 2 \end{pmatrix} = \begin{pmatrix} 3 & -1 \\ -5 & 2 \end{pmatrix}$

$$\left({}^tB\right)^{-1} = {}^t\left(B^{-1}\right) = {}^t\begin{pmatrix} -3 & 8 \\ -2 & 5 \end{pmatrix} = \begin{pmatrix} -3 & -2 \\ 8 & 5 \end{pmatrix}$$

$\times$ $\qquad\qquad$ $\times$

「逆行列の性質は分っても，逆行列の求めようがないのでは，プログラムはあれど演技なしと同じで，頼りないですが」

「一般には求めようがなくても，簡単なものは求まるでしょう」

「3 次以上は無理でも，2 次ならどうにかなる，3 次以上でも，特殊なタイプなら……たとえば対角行列なら簡単です」

「では，せめて，その簡単なものを……」

例 13 3次の対角行列 A はどんなときに正則になるか．正則のときの逆行列を求めよ．

$$A = \begin{pmatrix} a & 0 & 0 \\ 0 & b & 0 \\ 0 & 0 & c \end{pmatrix}$$

解
$$\begin{pmatrix} a & 0 & 0 \\ 0 & b & 0 \\ 0 & 0 & c \end{pmatrix} \begin{pmatrix} x_1 & x_2 & x_3 \\ y_1 & y_2 & y_3 \\ z_1 & z_2 & z_3 \end{pmatrix} = \begin{pmatrix} 1 & 0 & 0 \\ 0 & 1 & 0 \\ 0 & 0 & 1 \end{pmatrix}$$
をみたす $x_1, x_2, \cdots\cdots$ があるための条件を求め，手がかりをつかむ．

$$\begin{pmatrix} ax_1 & ax_2 & ax_3 \\ by_1 & by_2 & by_3 \\ cz_1 & cz_2 & cz_3 \end{pmatrix} = \begin{pmatrix} 1 & 0 & 0 \\ 0 & 1 & 0 \\ 0 & 0 & 1 \end{pmatrix}$$

$$ax_1 = by_2 = cz_3 = 1 \text{から} abc \neq 0$$

$$by_1 = cz_1 = ax_2 = cz_2 = ax_3 = by_3 = 0 \text{と上の式から}$$

$$y_1 = z_1 = x_2 = z_2 = x_3 = y_3 = 0$$

さらに $\quad x_1 = a^{-1}, y_2 = b^{-1}, z_3 = c^{-1}$

以上により $abc \neq 0$ は A が正則であるための必要条件であることがわかった．逆に $abc \neq 0$ のときは

$$X = \begin{pmatrix} a^{-1} & 0 & 0 \\ 0 & b^{-1} & 0 \\ 0 & 0 & c^{-1} \end{pmatrix}$$

とおいてみると，実際に計算して $AX = XA = E$ となることがわかるから $abc \neq 0$ は十分条件でもある．

よって求める答は，A が正則であるための条件は $abc \neq 0$ で，そのときの A の逆行列は上の対角行列 X である．

例 14 2次行列 A が正則であるための必要十分条件は $ad - bc \neq 0$ であることを証明し、正則のとき逆行列 A^{-1} を求めよ.

$$A = \begin{pmatrix} a & b \\ c & d \end{pmatrix}$$

解 証明することは

$$A \text{ は正則である} \iff ad - bc \neq 0$$

$\Rightarrow$ の証明　A が正則であるとすると

$$AX = \begin{pmatrix} a & b \\ c & d \end{pmatrix} \begin{pmatrix} x & y \\ z & u \end{pmatrix} = \begin{pmatrix} 1 & 0 \\ 0 & 1 \end{pmatrix}$$

をみたす行列 X がある. したがって

$$\begin{cases} ax + bz = 1 \quad ay + bu = 0 \\ cx + dz = 0 \quad cy + du = 1 \end{cases} \tag{①}$$

をすべてみたす x, y, z, u がある. 加減法を試みて

$$\begin{cases} (ad - bc)x = d \quad (ad - bc)y = -b \\ (ad - bc)z = -c \quad (ad - bc)u = a \end{cases} \tag{②}$$

これらをすべてみたす x, y, z, u がある.

もし、$ad - bc = 0$ とすると②から $a = b = c = d = 0$, これを①に代入すると $0 = 1$ となって①が成り立つことに矛盾する.

$$\therefore \quad ad - bc \neq 0$$

$\Leftarrow$ の証明　$ad - bc \neq 0$ とすると、行列

$$Y = \frac{1}{ad - bc} \begin{pmatrix} d & -b \\ -c & a \end{pmatrix} \tag{③}$$

がある. この行列に対し

$$AY = \begin{pmatrix} a & b \\ c & d \end{pmatrix} \frac{1}{ad - bc} \begin{pmatrix} d & -b \\ -c & a \end{pmatrix} = \frac{1}{ad - bc} \begin{pmatrix} ad - bc & 0 \\ 0 & ad - bc \end{pmatrix}$$

$$YA = \frac{1}{ad-bc} \begin{pmatrix} d & -b \\ -c & a \end{pmatrix} \begin{pmatrix} a & b \\ c & d \end{pmatrix} = \frac{1}{ad-bc} \begin{pmatrix} ad-bc & 0 \\ 0 & ad-bc \end{pmatrix}$$

$$\therefore \quad AY = E, \quad YA = E$$

これらが成り立つから A は正則である.

A が正則のとき，逆行列は Y であるから

$$A^{-1} = \frac{1}{ad-bc} \begin{pmatrix} d & -b \\ -c & a \end{pmatrix}$$

×　　　　　　　　　　×

「証明の完全なことは分るのだが，Y が突然，天から降って来たみたい．一体，何から気付いたのです」

「②の解を用いたのですよ」

「どうして，それをいわないで，突然……」

「深慮遠謀，それを明らさをにすると，十分条件の証明に，必要条件の証明の一部分を用いたみたいで，推論が混乱すると思ったからだ．まあ，親心ですね」

「親心が分らないでもないが，手品みたいで，気になる」

「そういわれても，ほかに名案がない．証明後にタネ明しをするのがベスト……いまのところ，僕はそう思っているのだ」

3　三角行列亡対角行列

「n 次行列には成分が n^2 個もあるから，このままでは取扱いが容易でないし，その正体もつかみにくい．そこで，適当な操作を試み簡単な行列にかえることが課題になる．そのとき，簡単な行列とし

て，最初にねらわれるのが，

$$A = \begin{pmatrix} a_{11} & a_{12} & a_{13} \\ 0 & a_{22} & a_{23} \\ 0 & 0 & a_{33} \end{pmatrix} \quad B = \begin{pmatrix} a_{11} & 0 & 0 \\ a_{21} & a_{22} & 0 \\ a_{31} & a_{32} & a_{33} \end{pmatrix}$$

のように，対角線の下方または上方の成分がすべて0のもの．A のような正方行列を**上三角行列**，B のような正方行列を**下三角行列**，合せて**三角行列**というのです．n 次行列を (a_{ij}) とすると定義は

$$三角行列 \begin{cases} 上三角行列\cdots\cdots & i > j \text{ のとき } a_{ij} = 0 \\ 下三角行列 & i < j \text{ のとき } a_{ij} = 0 \end{cases}$$

$$\begin{pmatrix} a_{11} & a_{12}\cdots\cdots a_{1n} \\ & a_{22}\cdots\cdots a_{2m} \\ & \cdots\cdots\cdots \\ 0 & \cdots\cdots \\ (i>j) & a_{nn} \end{pmatrix} \quad \begin{pmatrix} a_{11} & & \\ a_{21} & a_{22} & 0 \\ \cdots\cdots\cdots & & (i>j) \\ \cdots\cdots\cdots\cdots & & \\ a_{n1}\cdots\cdots\cdots a_{nn} & & \end{pmatrix}$$

ごらんのように簡単に表せる」

「0は1つかけばよいのですか」

「慣用の省略法です．0がかたまってあるときは，空白のままにしておくか，大きい0を1つ書いて済ます．もちろん，正直にすべての0を並べてもよいですよ」

×　　　　　×

「三角行列の和，スカラー倍が三角行列であることは明か．積もそうなりそう」

「簡単な例にあたってみては．上三角行列から……」

「3次の例でみれば見当がつくだろう

$$\begin{pmatrix} 1 & 2 & 3 \\ 0 & 4 & 5 \\ 0 & 0 & 6 \end{pmatrix} \begin{pmatrix} 6 & 5 & 4 \\ 0 & 3 & 2 \\ 0 & 0 & 1 \end{pmatrix} = \begin{pmatrix} 6 & 11 & 11 \\ 0 & 12 & 13 \\ 0 & 0 & 6 \end{pmatrix}$$

積も上三角行列……定理を発見したらしい」

「下三角行列は転置を行うと上三角行列……したがって，下三角行列についても同様であろう」

「定理にまとめてから証明へ……」

定理 10　（ⅰ）下三角行列に転置を行えば上三角行列になる.

（ⅱ）n 次の上三角行列の和，スカラー倍，積は上三角行列である.

（ⅲ）下三角行列についても（ⅱ）と同様である.

（証明）（ⅰ）は自明に近い.（ⅱ），（ⅲ）の和とスカラー倍の場合も同様であるから積の場合を証明してみる.

$A = \left(a_{ij}\right), B = \left(b_{ij}\right)$ を次の上三角行列とすると

$$i > j のとき a_{ij} = 0, b_{ij} = 0$$

$AB = \left(c_{ij}\right)$ とおくと

$$c_{ij} = \sum_{k=1}^{n} a_{ik} b_{kj}$$

この式は $i > j$ のとき 0 であることを示せばよい.

$$c_{ij} = 0 \cdot b_{j1} + 0 \cdot b_{j2} + \cdots\cdots\cdots a_{i,n-1}0 + a_{in}0$$

$i > j$ のとき $i - 1 \geqq j$ であるから

$$(i - 1) + (n - j) = n + (i - 1 - j) \geqq n$$

$a_{ik} b_{kj}$ において a_{ik} と b_{kj} の少くとも一方は 0 だから $c_{ij} = 0$，よって AB は上三角行列である．

　下三角行列の積の場合の証明も同様である．

×　　　　　　　×

　「（ⅰ）を用いて，（ⅱ）から（ⅲ）を導くこともできる．これ以上，証明に熱中することもないが，転置の練習にはなるでしょうよ」

　「その積りで挑戦してみる．A, B が下三角行列ならば ${}^t A, {}^t B$ は上三角行列……そこで ${}^t A\,{}^t B$ も上三角行列……そこで

$$ {}^t \left({}^t A\,{}^t B \right) = {}^t \left({}^t A \right) {}^t \left({}^t B \right) = AB $$

は下三角行列……」

　「残念でした．${}^t A$ と ${}^t B$ の順序が逆ですよ．積は転置を行えば行列の順序がかわる」

　「転置の練習の意味がわかった．${}^t B\,{}^t A$ は上三角行列，そこで

$$ {}^t \left(B\,{}^t A \right) = {}^t \left({}^t A \right) {}^t \left({}^t B \right) = AB $$

は下三角行列．当ってみることの重要さが身にしみました」

×　　　　　　　×

　「対角行列については前に触れたが，三角行列が現れたチャンスに見直しておきたい」

　「対角行列は三角行列の特殊なもの」

　「誤りではないが，対角行列の正体をズバリとらえていない」

　「分った．上三角で，しかも下三角」

「そう. 行列 (a_{ij}) でみると

$$\text{対角行列} \Longleftrightarrow i \neq j \text{ のとき } a_{ij} = 0 \Longleftrightarrow \begin{cases} i > j \text{ のとき } a_{ij} = 0 \\ i < j \text{ のとき } a_{ij} = 0 \end{cases}$$

$$\Longleftrightarrow \text{上三角行列かつ下三角行列}$$

そこで, 対角行列の性質は三角行列の性質から導かれる」

「その性質というのは, 対角行列の和, スカラー倍, 積も対角行列になることですね」

「そう. 実例でみると……

$$\begin{pmatrix} a_1 & 0 & 0 \\ 0 & a_2 & 0 \\ 0 & 0 & a_3 \end{pmatrix} + \begin{pmatrix} b_1 & 0 & 0 \\ 0 & b_2 & 0 \\ 0 & 0 & b_3 \end{pmatrix} = \begin{pmatrix} a_1+b_1 & 0 & 0 \\ 0 & a_2+b_2 & 0 \\ 0 & 0 & a_3+b_3 \end{pmatrix}$$

$$c \begin{pmatrix} a_1 & 0 & 0 \\ 0 & a_2 & 0 \\ 0 & 0 & a_3 \end{pmatrix} = \begin{pmatrix} ca_1 & 0 & 0 \\ 0 & ca_2 & 0 \\ 0 & 0 & ca_3 \end{pmatrix}$$

$$\begin{pmatrix} a_1 & 0 & 0 \\ 0 & a_2 & 0 \\ 0 & 0 & a_3 \end{pmatrix} \begin{pmatrix} b_1 & 0 & 0 \\ 0 & b_2 & 0 \\ 0 & 0 & b_3 \end{pmatrix} = \begin{pmatrix} a_1b_1 & 0 & 0 \\ 0 & a_2b_2 & 0 \\ 0 & 0 & a_3b_3 \end{pmatrix}$$

定理 11　対角行列の和, スカラー倍, 積も対角行列である.

「証明はとばし, 三角行列と対角行列の問題を練習しよう」

例 15　次の積を求めよ.

$$(1) \begin{pmatrix} 1 & 0 & a_1 \\ 0 & 1 & 0 \\ 0 & 0 & 1 \end{pmatrix} \begin{pmatrix} 1 & 0 & a_2 \\ 0 & 1 & 0 \\ 0 & 0 & 1 \end{pmatrix} \begin{pmatrix} 1 & 0 & a_3 \\ 0 & 1 & 0 \\ 0 & 0 & 1 \end{pmatrix}$$

56

(2) $\begin{pmatrix} a_1 & 0 & 0 \\ 0 & 1 & 0 \\ 0 & 0 & 1 \end{pmatrix} \begin{pmatrix} 1 & 0 & 0 \\ 0 & a_2 & 0 \\ 0 & 0 & 1 \end{pmatrix} \begin{pmatrix} 1 & 0 & 0 \\ 0 & 1 & 0 \\ 0 & 0 & a_3 \end{pmatrix}$

解 計算は簡単であるから結果を挙げるにとどめる.

(1) $\begin{pmatrix} 1 & 0 & a_1 + a_2 + a_3 \\ 0 & 1 & 0 \\ 0 & 0 & 1 \end{pmatrix}$　　(2) $\begin{pmatrix} a_1 & 0 & 0 \\ 0 & a_2 & 0 \\ 0 & 0 & a_3 \end{pmatrix}$

4　対称行列と交代行列

「式に対称式と交代式があった. 行列でも, これに似たものが考えられる. 2文字 a, b の式 $f(a, b)$ は, a と b をいれかえても値が変らないならば対称式で, 符号だけ変るならば交代式である.

　　対称式……すべての a, b に対して $f(b, a) = f(a, b)$
　　交代式……すべての a, b に対して $f(b, a) = -f(a, b)$
さて, 行列で似たものを考えるには, なにをいれかえればよいと思うね」

「行と列のいれかえ, すなわち転置でしょう」

「その通り. 転置は正方行列 (a_{ij}) でみると, 成分 a_{ij} と a_{ji} とのいれかえである. すべての i, j について……」

$$A = \begin{pmatrix} a_{11} & a_{12} & a_{13} \\ a_{21} & a_{22} & a_{23} \\ a_{31} & a_{32} & a_{33} \end{pmatrix} \longrightarrow {}^t\!A = \begin{pmatrix} a_{11} & a_{21} & a_{31} \\ a_{12} & a_{22} & a_{32} \\ a_{13} & a_{23} & a_{33} \end{pmatrix}$$

「対角線に関して対称な位置にある成分のいれかえですね」

「図形的にみれば, そうなる」

「転置によって変らないものを**対称行列**, 符号だけ変るものを**交代行列**と定めればよさそうですが」

「予想通りです」

対称行列……$^tA = A$ をみたす行列 A

交代行列……$^tA = -A$ をみたす行列 A

「定義は分ったが，2つの行列の正体が目に浮ばない」

「無理もない．余りにも操作本位の定義になってしまった．具体例に当って，正体を浮き彫りにしたい．それには3次行列が適当であろう」

対称行列のとき $^tA = A$ から

$$\begin{pmatrix} a_{11} & a_{21} & a_{31} \\ a_{12} & a_{22} & a_{32} \\ a_{13} & a_{23} & a_{33} \end{pmatrix} = \begin{pmatrix} a_{11} & a_{12} & a_{13} \\ a_{21} & a_{22} & a_{23} \\ a_{31} & a_{32} & a_{33} \end{pmatrix} \quad \therefore \quad \begin{cases} a_{12} = a_{21} \\ a_{13} = a_{31} \\ a_{23} = a_{32} \end{cases}$$

対角線に関して対称の位置に成分が等しい．

$$3次の対称行列：\begin{pmatrix} a & f & g \\ f & b & h \\ g & h & c \end{pmatrix}$$

交代行列のとき $^tA = -A$

$$\begin{pmatrix} a_{11} & a_{21} & a_{31} \\ a_{12} & a_{22} & a_{32} \\ a_{13} & a_{23} & a_{33} \end{pmatrix} = \begin{pmatrix} -a_{11} & -a_{12} & -a_{13} \\ -a_{21} & -a_{22} & -a_{23} \\ -a_{31} & -a_{32} & -a_{33} \end{pmatrix}$$

$$\therefore \begin{cases} a_{12} = -a_{21} \\ a_{13} = -a_{31} \\ a_{23} = -a_{32} \end{cases} \quad \begin{cases} a_{11} = -a_{11} \longrightarrow a_{11} = 0 \\ a_{22} = -a_{22} \longrightarrow a_{22} = 0 \\ a_{33} = -a_{33} \longrightarrow a_{33} = 0 \end{cases}$$

対角線上の成分は0で，対角線に関して対称の位置にある成分は符号が反対で絶対値は等しい．

$$3次の交代行列：\begin{pmatrix} 0 & p & q \\ -p & 0 & r \\ -q & -r & 0 \end{pmatrix}$$

定理 12 （ⅰ）対称行列では，対角線に関して対称の位置にある
成分は等しい.

（ⅱ）交代行列では，対角線上の成分は 0 で，対角線に関して対
称の位置にある成分は符号が反対で絶対値は等しい.

（証明） $A = (a_{ij})$, $^tA = (b_{ij})$ とおくと $b_{ij} = a_{ji}$

（ⅰ）$^tA = A$ から　$b_{ij} = a_{ij}$　∴$a_{ji} = a_{ij}$

（ⅱ）$^tA = -A$ から $b_{ij} = -a_{ij}$　∴$a_{ji} = -a_{ij}$

とくに $i = j$ のときは $a_{ii} = -a_{ii}$　∴$a_{ii} = 0$

×　　　　　　　　×

「クイズ的問題を 1 つ．対称行列であり，交代行列でもある行列
があるか」

「ないでしょう．対称と交代は両立しないから」

「ところが意外，それがあるのだ」

「事実は小説よりも奇なりですね」

「いや，数学は君のアタマより奇なりだ」

「そこまで嫌味をいわれては，自力で挑戦せざるをいない．前の
3 次の対称行列と交代行列が等しかったとすると

$$\begin{pmatrix} a & f & g \\ f & b & h \\ g & h & c \end{pmatrix} = \begin{pmatrix} 0 & p & q \\ -p & 0 & r \\ -q & -r & 0 \end{pmatrix}$$

両辺の成分をくらべて $a = b = c = 0$

　$f = p = -p$ から $p = 0$, 同様にして $q = 0, r = 0$

なんだ．零行列か」

「そんな面倒な手数をふまずとも，行列 A が対称で交代ならば

$$^tA = A, {}^tA = -A \Longrightarrow A = -A \Longrightarrow A = 0$$

となるじゃない．これも定理としてまとめておく」.

定理 13　対称でかつ交代な行列は零行列に限る.

「この定理は n 次の対称行列全体を S, 交代行列全体を T とする.

$$S \cap T = \{O\}$$

と表される」

「この定理に, 何か重要な応用でもあるのですか」

「重要というほどでもないが, 興味ある事実が導かれるのだ. それは, ほどなく明かになるよ」

「式の場合には対称で交代のものはないのに, 行列では……」

「いや, 式の場合にも, 退化したものを認めればあるのですよ. $f(a,b)$ が対称的で交代的であったとすると

$$f(b,a) = f(a,b), \quad f(b,a) = -f(a,b)$$

この 2 式から $f(a,b) = 0$」

「なんだ 0 か」

×　　　　　　　　×

「いま予告した興味ある事実とは, 次の定理です」

定理 14　正方行列は対称行列と交代行列との和に分解される. しかも, その分解の仕方は 1 通りしかない.

「証明は 2 段階になる. 最初は分解可能であることの証明. 次は分解の一意性の証明. 2 つの証明をからませ, 推論を混乱させてはいけない」

（証明）分解可能の証明

任意の正方行列を A とすると，A は

$$A = \frac{A + {}^tA}{2} + \frac{A - {}^tA}{2}$$

と表すことができる．ここで

$$S = \frac{A + {}^tA}{2}, T = \frac{A - {}^tA}{2} \text{ とおけば } A = S + T$$

S は対称行列で，T は交代行列であることを示せばよい．

$${}^tS = {}^t\left(\frac{A + {}^tA}{2}\right) = \frac{{}^tA + {}^t({}^tA)}{2} = \frac{{}^tA + A}{2} = S$$

$${}^tT = {}^t\left(\frac{A - {}^tA}{2}\right) = \frac{{}^tA - {}^t({}^tA)}{2} = \frac{{}^tA - A}{2} = -T$$

よって，S は対称行列で T は交代行列である．

一意性の証明

A に異なる 2 つの分解があったとし，それを

$$A = S_1 + T_1, A = S_2 + T_2$$

と表せば $S_1 + T_1 = S_2 + T_2$，移項して

$$S_1 - S_2 = T_2 - T_1 (= D \text{ とおく})$$

S_1, S_2 は対称行列であるから $S_1 - S_2 = D$ は対称行列．

T_1, T_2 は交代行列であるから $T_2 - T_1 = D$ は交代行列．

D は対称行列で，しかも交代行列であるから前の定理によって零行列に等しい．

$$\therefore \quad S_1 = S_2, T_1 = T_2$$

これは 2 つの分解 異なるとした仮定に矛盾する．よって A の分解の仕方は 1 通りに限る．

$$\times \qquad\qquad\qquad \times$$

「さわやかな定理ですね」

「ベクトルに部分空間の直和というのがある．その特殊な場合とみれば一層さわやかさが浮き彫りになるのです．行列 A をこの定理のように分解したとき，S を A の**対称部分**，T を A の**交代部分**ということもある」

「定理の証明の途中で，対称行列の差は対称行列，交代行列の差は交代行列というのを使ってますが，大丈夫ですか」

「簡単なことだから黙認したのです．気になるなら定理としてまとめてもよい．順序が逆になるが」

定理 15　（ⅰ）対称行列の和，スカラー倍は対称行列である．
（ⅱ）交代行列の和，スカラー倍は交代行列である．

「差が抜けてますよ」

「いま頃，そんな認識とは心細い．和とスカラー倍があれば，差の場合は導かれる，$A-B$ を $A+(-1)B$ と書きかえてごらん」

「いや，恥しい，積はどうなるのです」

「簡単な実例に当ってごらん．たとえば

$$\begin{pmatrix} 1 & 7 \\ 7 & 2 \end{pmatrix},\begin{pmatrix} 5 & 4 \\ 4 & 3 \end{pmatrix}$$

は対称行列……積は？」

$$\begin{pmatrix} 1 & 7 \\ 7 & 2 \end{pmatrix}\begin{pmatrix} 5 & 4 \\ 4 & 3 \end{pmatrix}=\begin{pmatrix} 33 & 25 \\ 43 & 34 \end{pmatrix}$$

「おや，積は対称行列でない，交代行列の積も自信喪失」

$$\begin{pmatrix} 0 & 3 \\ -3 & 0 \end{pmatrix}\begin{pmatrix} 0 & 2 \\ -2 & 0 \end{pmatrix}=\begin{pmatrix} -6 & 0 \\ 0 & -6 \end{pmatrix}$$

62

「積は対角行列……対称行列の特殊なもの」

「さあ，一般にそうなるかどうか．結論はあとのお楽しみということにして，練習問題に残しておき，定理の証明を……」

（証明）（ⅰ）A, B を n 次の対称行列とすると ${}^tA = A, {}^tB = B$

$$\therefore \quad {}^t(A+B) = {}^tA + {}^tB = A + B$$

$${}^t(cA) = c\,{}^tA = cA$$

よって $A+B, cA$ も対称行列である．

（ⅱ）A, B を n 次の交代行列とすると ${}^tA = -A, {}^tB = -B$

$$\therefore \quad {}^t(A+B) = {}^tA + {}^tB = -A - B = -(A+B)$$

$${}^t(cA) = c\,{}^tA = c(-A) = -cA$$

よって $A+B, cA$ も交代行列である．

例 16 次の行列を対称行列と交代行列の和に分解せよ．

$$A = \begin{pmatrix} 2 & 11 & 4 \\ -1 & 1 & 5 \\ 12 & -9 & -3 \end{pmatrix}$$

解

$$A + {}^tA = \begin{pmatrix} 2 & 11 & 4 \\ -1 & 1 & 5 \\ 12 & -9 & -3 \end{pmatrix} + \begin{pmatrix} 2 & -1 & 12 \\ 11 & 1 & -9 \\ 4 & 5 & -3 \end{pmatrix} = \begin{pmatrix} 4 & 10 & 16 \\ 10 & 2 & -4 \\ 16 & -4 & -6 \end{pmatrix}$$

$$A - {}^tA = \begin{pmatrix} 2 & 11 & 4 \\ -1 & 1 & 5 \\ 12 & -9 & -3 \end{pmatrix} - \begin{pmatrix} 2 & -1 & 12 \\ 11 & 1 & -9 \\ 4 & 5 & -3 \end{pmatrix} = \begin{pmatrix} 0 & 12 & -8 \\ -12 & 0 & 14 \\ 8 & -14 & 0 \end{pmatrix}$$

求める対称行列，交代行列をそれぞれ S, T とすると

$$A = S + T$$

$$S = \frac{A + {}^t A}{2} = \begin{pmatrix} 2 & 5 & 8 \\ 5 & 1 & -2 \\ 8 & -2 & -3 \end{pmatrix}, \quad T = \frac{A - {}^t A}{2} = \begin{pmatrix} 0 & 6 & -4 \\ -6 & 0 & 7 \\ 4 & -7 & 0 \end{pmatrix}$$

5　行列の累乗と多項式

「数に $a^2, a^3, a^4, \cdots\cdots$ があったように，正方行列でも $A^2, A^3, A^4, \cdots\cdots$ を考えたい」

「AA を A^2，AAA は A^3 などと表すだけのことでしょう」

「それでは余りにも高校的，あとの推論を考慮し，一味加え帰納的に定義しておきたいものです」

「帰納的にね．$A^1 = A$ から出発して $A^2 = AA, A^3 = A^2 A, \cdots\cdots$ 一般に k が正の整数のとき $A^{k+1} = A^k A$ というようにでしょう」

「うー，ベストとはいかないがベター．A^0 があればベスト」

「$A^0 = 1$ ですか」

「数と行列を混同してますよ．行列で数の 1 に対応するのは単位行列ですからね．$A^0 = E$ と定めるのが自然です．

$$A^n : \begin{cases} A^0 = E \\ A^{k+1} = A^k A (k \text{ は負でない整数}) \end{cases}$$

これが帰納的定義のすべて」

「$A^1 = A$ はいらないのですか」

「さあ！　確めてごらん」

「スタートの定義 $A^0 = E$

$k = 0$ とおいて $A^1 = A^0 A = EA = A$

$k = 1$ とおいて $A^2 = A^1 A = AA$

$k = 2$ とおいて $A^3 = A^2 A = AAA$

なるほど，この定義は精巧ですね」

「このさわやかさが分らないとしたら数学の理解は本物でない」

「数では a^0 に条件 $a \neq 0$ がついた．行列でも A^0 に条件 $A \neq O$ が必要でしょう」

「いや，その必要はない，数の場合も，本当は負の指数が現れないうちは a^0 の a はを許してよかったのだ．さて，行列の累乗を以上のように定めると，数のときと同様に**指数法則**が成り立つ」

定理 16 A は正方行列で,m, n が負でない整数のとき

（ⅰ）$A^m A^n = A^{m+n}$ （ⅱ）$(A^m)^n = A^{mn}$

「証明は n について数学的帰納法を試みればよい．数学的帰納法の練習の積りで……」

（証明） （ⅰ）$n = 0$ のとき $A^m A^n = A^m A^0 = A^m E = A^m = A^{m+n}$

$n = k$ のとき成り立つとすると

$$A^m A^{k+1} = A^m A^k A = A^{m+k} A = A^{m+k+1}$$

となって，$n = k+1$ のときも成り立つ．

（ⅱ）$n = 0$ のとき $(A^m)^n = (A^m)^0 = E = A^0 = A^{mn}$

$n = k$ のとき成り立つとすると

$$(A^m)^{k+1} = (A^m)^k A^m = A^{mk} A^m = A^{mk+m} = A^{m(k+1)}$$

となって，$n = k+1$ のときも成り立つ．

×　　　　　　　×

「推論ばかりでもつらかろう．行列の累乗を求める練習を……」

例 17 A が次の行列のとき，A^n を求めよ．

(1) $A = \begin{pmatrix} \alpha & 1 \\ 0 & \alpha \end{pmatrix}$　　　(2) $A = \begin{pmatrix} \alpha & 1 & 0 \\ 0 & \alpha & 1 \\ 0 & 0 & \alpha \end{pmatrix}$

解　$A^2, A^3, \cdots\cdots$ を求め A^n を予想する.

(1) $A^2 = \begin{pmatrix} \alpha & 1 \\ 0 & \alpha \end{pmatrix} \begin{pmatrix} \alpha & 1 \\ 0 & \alpha \end{pmatrix} = \begin{pmatrix} \alpha^2 & 2\alpha \\ 0 & \alpha^2 \end{pmatrix}$

$A^3 = A^2 A = \begin{pmatrix} \alpha^2 & 2\alpha \\ 0 & \alpha^2 \end{pmatrix} \begin{pmatrix} \alpha & 1 \\ 0 & \alpha \end{pmatrix} = \begin{pmatrix} \alpha^3 & 3\alpha^2 \\ 0 & \alpha^3 \end{pmatrix}$

数学的帰納法で証明するまでもなく，一般に

$$A^n = \begin{pmatrix} \alpha^n & n\alpha^{n-1} \\ 0 & \alpha^n \end{pmatrix}$$

(2) $A^2 = \begin{pmatrix} \alpha & 1 & 0 \\ 0 & \alpha & 1 \\ 0 & 0 & \alpha \end{pmatrix} \begin{pmatrix} \alpha & 1 & 0 \\ 0 & \alpha & 1 \\ 0 & 0 & \alpha \end{pmatrix} = \begin{pmatrix} \alpha^2 & 2\alpha & 1 \\ 0 & \alpha^2 & 2\alpha \\ 0 & 0 & \alpha^2 \end{pmatrix}$

$A^3 = A^2 A = \begin{pmatrix} \alpha^2 & 2\alpha & 1 \\ 0 & \alpha^2 & 2\alpha \\ 0 & 0 & \alpha^2 \end{pmatrix} \begin{pmatrix} \alpha & 1 & 0 \\ 0 & \alpha & 1 \\ 0 & 0 & \alpha \end{pmatrix} = \begin{pmatrix} \alpha^3 & 3\alpha^2 & 3\alpha \\ 0 & \alpha^3 & 3\alpha^2 \\ 0 & 0 & \alpha^3 \end{pmatrix}$

$A^4 = A^3 A = \begin{pmatrix} \alpha^3 & 3\alpha^2 & 3\alpha \\ 0 & \alpha^3 & 3\alpha^2 \\ 0 & 0 & \alpha^3 \end{pmatrix} \begin{pmatrix} \alpha & 1 & 0 \\ 0 & \alpha & 1 \\ 0 & 0 & \alpha \end{pmatrix} = \begin{pmatrix} \alpha^4 & 4\alpha^3 & 6\alpha^2 \\ 0 & \alpha^4 & 4\alpha^3 \\ 0 & 0 & \alpha^4 \end{pmatrix}$

$(1,3)$ 成分の予想が難しい.

A^2 のとき $1, A^3$ のとき $(1+2)\alpha, A^4$ のとき $(1+2+3)\alpha^2$

と書きかえてみると，一般に A^n のとき

$$\{1+2+3+\cdots\cdots+(n-1)\}\alpha^{n-2} = \frac{n(n-1)}{2}\alpha^{n-2}$$

となるだろうとの予想がつく.

$$A^n = \begin{pmatrix} \alpha^n & n\alpha^{n-1} & \frac{1}{2}n(n-1)\alpha^{n-2} \\ 0 & \alpha^n & n\alpha^{n-1} \\ 0 & 0 & \alpha^n \end{pmatrix}$$

数学的帰納法で証明することは課題として残しておく.

× ×

「行列の乗法は一般には交換不可能だが, A^m と A^n は例外. それは前の定理から分ると思うが」

「簡単ですよ. $A^m A^n = A^{m+n} = A^{n+m} = A^n A^m$」

「指数法則に $(AB)^n = A^n B^n$ がなかった. 数には $(ab)^n = a^n b^n$ があるのに……」

「君は数のとき, ガッチリと証明したことがないとみえる. だからそんな質問をするのだ. $(AB)^2 = (AB)(AB) = ABAB$, これを $A^2 B^2 = AABB$ と書きかえるには, A と B を交換しなければならない. 分ったかね」

「そうか, A と B の乗法が交換的でないとダメとは……うかつであった. 僕は数学は穴だらけらしいよ」

「では, 次の定理を……穴うめとして」

定理 17 次数の等しい正方行列 A, B の乗法が交換可能ならば

$$(AB)^n = A^n B^n = B^n A^n$$

が成り立つ. ただし n は負でない整数とする.

「この証明なら自信がある. 数学的帰納法で…….
$n = 0$ のときは両辺が E に等しいから成り立つ.

$n = k$ のとき成り立つとすると $n = k+1$ のときは

$$(AB)^{k+1} = (AB)^k(AB) = A^k B^k AB = \ ?$$

おや，意外な伏兵………B^k と A の交換が必要？」

「なんでもないよ，そんなこと．前もって $A^n B = BA^n$ を証明しておけばよいのだ」

（証明） $A^n B = BA^n$ の証明

$n = 0$ のとき左辺 $= A^0 B = EB = B$，右辺 $= BA^0 = BE = B$，成立．$n = k$ のとき成り立つとすると

$$A^{k+1}B = A^k AB = A^k BA = BA^k A = BA^{k+1}$$

となって $n = k+1$ のときも成り立つ．

$(AB)^n = A^n B^n$ の証明

$n = 0$ のとき左辺 $= (AB)^0 = E$，右辺 $= A^0 B^0 = EE = E$，成立．$n = k$ のとき成り立つとすると

$$(AB)^{k+1} = (AB)^k(AB) = A^k B^k AB = A^k AB^k B = A^{k+1}B^{k+1}$$

となって $n = k+1$ のときも成り立つ．

$(AB)^n = B^n A^n$ の証明

$$(AB)^n = (BA)^n = B^n A^n$$

「行列では負の指数を考えないのですか」

「定義は簡単だ．$(A^{-1})^n$ を A^{-n} で表すことに約束すればよい．しかし，さしあたり応用は乏しい，次の例を挙げるにとどめる」

68

例 18 A が正則な正方行列で，n が負でない整数のとき $(A^{-1})^n$ を A^{-n} で表すことにする．このとき A^n は正則で，その逆行列は A^{-n} であることを証明せよ．

解 $AA^{-1} = A^{-1}A = E$ の各項を n 乗して

$$(AA^{-1})^n = (A^{-1}A)^n = E^n$$

A と A^{-1} の乗法は交換可能だから前の定理を用いて

$$A^n (A^{-1})^n = (A^{-1})^n A^n = E$$

$$A^n A^{-n} = A^{-n} A^n = E$$

よって A^n は正則で，その逆行列は A^{-n} である．

×　　　　　　×

「行列でも整式を考えたい．そこで高校代数の花形——2 次式

$$f(x) = 3x^2 - 5x + 2$$

に登場願う．この式に n 次の正方行列 A を代入してごらん」

「x を A で置きかえるのですね．$3A^2 - 5A + 2$，これを行列 A の 2 次式というのですか」

「とんでもない．こんな式……無意味ですよ」

「$3A^2, 5A$ は n 次行列だから $3A^2 - 5A$ も n 次行列，なんだ．それに 2 を加えることは不可能」

「そうでしょう，そこで思案のすえ気付いたのが定数項の 2 に n 次の単位行列 E をつけること．こうすれば意味のある式になるからこの式を $f(A)$ で表すことに約束する．

$$f(A) = 3A^2 - 5A + 2E$$

↑
A と同し次数の単位行列

一般に x の m 次の整式を

$$f(x) = a_0 x^m + a_1 x^{m-1} + \cdots\cdots + a_{m-1}x + a_m$$

とするとき,

$$f(A) = a_0 A^m + a_1 A^{m-1} + \cdots\cdots + a_{m-1}A + a_m E$$

これを行列 A の**整式**または**多項式**という. 係数 $a_0, a_1, \cdots\cdots, a_m$ は数であることに注意してほしい」

「x の整式が,たとえば $f(x) = (x+3)(2x-7) + 5x + 8$ のような形の式であったら $f(A)$ はどうなるのです?」

「そのとき $3, 7, 8$ にすべて E をつけて

$$f(A) = (A+3E)(2A-7E) + 5A + 8E$$

要するに,式の中のすべての部分が意味をもつように E を補う」

例 19 次の $f(x)$ と A に対して,$f(A)$ を求めよ.

$$f(x) = x^2 - (a+d)x + ad - bc, \quad A = \begin{pmatrix} a & b \\ c & d \end{pmatrix}$$

解 与えられた整式のままで A を代入するよりは $f(x)$ を

$$f(x) = (x-a)(x-d) - bc$$

と因数分解して代入すれば計算が楽である.

$$f(A) = (A-aE)(A-dE) - bcE$$

$$A - aE = \begin{pmatrix} a & b \\ c & d \end{pmatrix} - a\begin{pmatrix} 1 & 0 \\ 0 & 1 \end{pmatrix} = \begin{pmatrix} 0 & b \\ c & d-a \end{pmatrix}$$

$$A - dE = \begin{pmatrix} a & b \\ c & d \end{pmatrix} - d \begin{pmatrix} 1 & 0 \\ 0 & 1 \end{pmatrix} = \begin{pmatrix} a-d & b \\ c & 0 \end{pmatrix}$$

$$\therefore \quad f(A) = \begin{pmatrix} 0 & b \\ c & d-a \end{pmatrix} \begin{pmatrix} a-d & b \\ c & 0 \end{pmatrix} - bc \begin{pmatrix} 1 & 0 \\ 0 & 1 \end{pmatrix}$$

$$= \begin{pmatrix} bc & 0 \\ 0 & bc \end{pmatrix} - \begin{pmatrix} bc & 0 \\ 0 & bc \end{pmatrix} = \begin{pmatrix} 0 & 0 \\ 0 & 0 \end{pmatrix} = O$$

定理 18 P, Q がともに正方行列 A の整式で表されるとき,$PQ = QP$ である.

証明のリサーチ 一般の場合を示すほどのことはなかろう.たとえば P を 2 次式,Q を 3 次式として確めてみよ.

$$P = aA^2 + bA + cE \qquad (a, b, c \text{ は実数})$$
$$Q = pA^3 + qA^2 + rA + sE \quad (p, q, r, s \text{ は実数})$$

PQ を展開した式と QP を展開した式は等しくなる.それを支えているのは A^m と A^n は交換可能で,積はともに A^{m+n} に等しいという事実……これについては前に触れた.

6 巾零行列と巾等行列

「たとえば,3 次の行列 A の 2 乗,3 乗,4 乗,……求めてごらん」
「たやすいこと.

$$A = \begin{pmatrix} 1 & 1 & 3 \\ 5 & 2 & 6 \\ -2 & -1 & -3 \end{pmatrix}$$

$$A^2 = \begin{pmatrix} 1 & 1 & 3 \\ 5 & 2 & 6 \\ -2 & -1 & -3 \end{pmatrix} \begin{pmatrix} 1 & 1 & 3 \\ 5 & 2 & 6 \\ -2 & -1 & -3 \end{pmatrix} = \begin{pmatrix} 0 & 0 & 0 \\ 3 & 3 & 9 \\ -1 & -1 & -3 \end{pmatrix}$$

$$A^3 = A^2 A = \begin{pmatrix} 0 & 0 & 0 \\ 3 & 3 & 9 \\ -1 & -1 & -3 \end{pmatrix} \begin{pmatrix} 1 & 1 & 3 \\ 5 & 2 & 6 \\ -2 & -1 & -3 \end{pmatrix} = \begin{pmatrix} 0 & 0 & 0 \\ 0 & 0 & 0 \\ 0 & 0 & 0 \end{pmatrix}$$

おや 3 乗は零行列……したがって 3 乗以上はすべて零行列」

「このように，何乗かすると零行列になる正方行列すなわち $A^n = O$ をみたす A を**巾零行列**というのです」

「こんな変りもの役に立つのですか」

「人間と同じことでね，行列も変りものには意外な応用があるのです．応用はともかくとして，2 次の行列で巾零になるものを探してみよう」

例 20　零行列でない 2 次の行列 A で，$A^2 = O$ となるものをすべて求めよ．

解　$A = \begin{pmatrix} a & b \\ c & d \end{pmatrix}$ とおくと $A^2 = O$ から

$$\begin{pmatrix} a^2 + bc & (a+d)b \\ (a+d)c & d^2 + bc \end{pmatrix} = \begin{pmatrix} 0 & 0 \\ 0 & 0 \end{pmatrix}$$

$$a^2 + bc = 0 \cdots\cdots ① \qquad (a+d)b = 0 \cdots\cdots ②$$

$$(a+d)c = 0 \cdots\cdots ③ \qquad d^2 + bc = 0 \cdots\cdots ④$$

$a + d \neq 0$ とすると②，③から $b = c = 0$，これを①，④に代入すると $a = 0, d = 0$ となって仮定に反する．よって $a + d = 0$

$a + d = 0$ のとき②，③は成り立つ．$d = -a$ を④に代入すると①

に一致して $a^2 + bc = 0$

$$答 \quad A = \begin{pmatrix} a & b \\ c & -a \end{pmatrix} \quad a^2 + bc = 0$$

例 21 A が巾零行列, すなわち $A^n = O$ のとき

(1) A は正則でない.

(2) $E - A, E + A$ は正則である.

解 (1) 背理法による. A を正則とすると逆行列 A^{-1} がある
から $A^n A^{-1} = OA^{-1}$ ∴$A^{n-1} = O$, 同様にして $A^{n-2} = O, \cdots\cdots,$
$A^2 = O, A = O$, これは A が正則であることに矛盾する.

(2) $A^n = O$ から $E - A^n = E$, 左辺を因数分解して

$$(E - A)(E + A + A^2 + \cdots\cdots + A^{n-1}) = E \qquad ①$$

$$(E + A + A^2 + \cdots\cdots + A^{n-1})(E - A) = E \qquad ②$$

よって $(E - A)X = X(E - A) = E$ をみたす行列 X があるから,
$E - A$ は正則である.

$A^n = O$ ならば $(-A)^n = (-1)^n A^n = O$, よって $E - (-A) = E + A$
は正則である.

$$\times \qquad\qquad \times$$

「もう1つ変りものの行列を紹介しょう.

$$A = \begin{pmatrix} 4 & -6 \\ 2 & -3 \end{pmatrix}$$

たとえば, この行列 A の2乗, 3乗, ……を求めてごらん」

「たやすいこと.

$$A^2 = \begin{pmatrix} 4 & -6 \\ 2 & -3 \end{pmatrix}\begin{pmatrix} 4 & -6 \\ 2 & -3 \end{pmatrix} = \begin{pmatrix} 4 & -6 \\ 2 & -3 \end{pmatrix} = A$$

おや，もとの行列になった．

$$A^3 = A^2 \cdot A = A \cdot A = A^2 = A$$

$$A^4 = A^3 \cdot A = A \cdot A = A^2 = A$$

2乗以上はすべて A です」

「これは大変重宝なもの．一般に正方行列 A が $A^2 = A$ をみたすとき**巾等行列**というのです」

例22　2次行列 A で，$A^2 = A$ となるものをすべて求めよ．

解　$A = \begin{pmatrix} a & b \\ c & d \end{pmatrix}$ とおくと $A^2 = A$ から

$$\begin{pmatrix} a^2 + bc & (a+d)b \\ (a+d)c & bc + d^2 \end{pmatrix} = \begin{pmatrix} a & b \\ c & d \end{pmatrix}$$

$$a^2 + bc = a \cdots\cdots ① \qquad (a+d)b = b \cdots\cdots ②$$

$$(a+d)c = c \cdots\cdots ③ \qquad bc + d^2 = d \cdots\cdots ④$$

①－④ $(a-d)(a+d-1) = 0$ 　　　　　④′

$a + d - 1 \neq 0$ のとき $a = d$，②，③から $b = c = 0$，①に代入して $a = 0, 1$

$$\therefore \quad a = b = c = d = 0 ; a = 1, b = c = 0, d = 1$$

$a + d - 1 = 0$ のとき②，③，④′は成り立つ．①があればよい．

$$\therefore \quad a + d = 1, a^2 + bc = a$$

第2式は $a(1-a) - bc = 0, ad - bc = 0$ としてもよい．

答　$\begin{pmatrix} 0 & 0 \\ 0 & 0 \end{pmatrix}, \begin{pmatrix} 1 & 0 \\ 0 & 1 \end{pmatrix}, \begin{pmatrix} a & b \\ c & d \end{pmatrix} \begin{matrix} a+d=1 \\ ad-bc=0 \end{matrix}$

例 23　A が巾等行列であるとき，次のことを示せ．$A \neq E$ ならば A は正則でない．

解　背理法による．A は正則とすると逆行列 A^{-1} がある．
$A^2 = A$ の両辺に A^{-1} をかけて $A^2 A^{-1} = A A^{-1}, A = E$ これは仮定 $A \neq E$ に矛盾する．

練習問題—2

8　A, P は次の行列である．

$$A = \begin{pmatrix} a & b & c \\ 0 & d & e \\ 0 & 0 & f \end{pmatrix} \quad P = \begin{pmatrix} 0 & 0 & 1 \\ 0 & 1 & 0 \\ 1 & 0 & 0 \end{pmatrix}$$

(1) P^2 を計算して P^{-1} を求めよ．

(2) $P^{-1}AP$ を計算せよ．

9　$A^2 = E$ をみたす 2 次の行列をすべて求めよ．

10　A は正方行列で $A^n = E$ のとき，A の逆行列は A^{n-1} に等しいことを明らかにせよ．それを用いて，次の行列の逆行列を求めよ．

(1) $A = \begin{pmatrix} 0 & 1 \\ -1 & 0 \end{pmatrix}$ 　(2) $B = \begin{pmatrix} -1 & -1 & -1 \\ 1 & 0 & 0 \\ 0 & 0 & 1 \end{pmatrix}$

11　A が右の行列を表すとき，次の関係を証明せよ．

(1) $A^6 = E$

$$A = \begin{pmatrix} \cos\dfrac{\pi}{3} & -\sin\dfrac{\pi}{3} \\ \sin\dfrac{\pi}{3} & \cos\dfrac{\pi}{3} \end{pmatrix}$$

(2) $A-E$ は正則で $(A-E)^{-1} = {}^t(A-E)$

(3) $A^5 + A^4 + \cdots\cdots + A + E = O$

12 P, A は次の行列である.

$$P = \begin{pmatrix} 0 & 1 & 0 \\ 0 & 0 & 1 \\ 1 & 0 & 0 \end{pmatrix} \quad A = \begin{pmatrix} a_0 & a_1 & a_2 \\ a_2 & a_0 & a_1 \\ a_1 & a_2 & a_0 \end{pmatrix}$$

このとき $A = a_0 E + a_1 P + a_2 P^2$ を証明せよ.

13 A, B, C が正則のとき，次の等式を証明せよ.

$$(ABC)^{-1} = C^{-1} B^{-1} A^{-1}$$

14 A が 2 次行列で $A^3 = O$ ならば $A^2 = O$ であることを示せ.

15 次数の等しい行列 A, B に対して，$B = P^{-1} AP$ をみたす正則行列 P が存在するとき $A \sim B$ と表すことにする. このとき，次のことを証明せよ.

(1) $A \sim A$

(2) $A \sim B$ ならば $B \sim A$

(3) $A \sim B, B \sim C$ ならば $A \sim C$

(4) $A \sim B$ ならば $A^n \sim B^n$

16 次の行列を対称行列と交代行列の和に直せ.

$$A = \begin{pmatrix} 3 & 2 & 3 \\ 0 & -2 & -6 \\ 7 & 0 & 7 \end{pmatrix}$$

17 A が次の行列のとき A^n を求めよ.

(1) $A = \begin{pmatrix} 0 & a & b \\ 0 & 0 & c \\ 0 & 0 & 0 \end{pmatrix}$

(2) $A = \begin{pmatrix} 0 & 1 & 0 & 0 \\ 0 & 0 & 1 & 0 \\ 0 & 0 & 0 & 1 \\ 0 & 0 & 0 & 0 \end{pmatrix}$

18 $AB = A, BA = B$ をみたす A, B は巾等行列であることを証明せよ.

19 A, B を n 次の交代行列とするとき,次のことを証明せよ.

$$AB \text{ は対称} \Longleftrightarrow AB = BA$$

§3. 行列の区分

1 区分の原理を探る

「行列は数を長方形に並べたものである．一方，いままでの知識によると行列自身も数にかなり似た計算ができる．そこで，行列を成分とする行列は考えられないものかと想像したとしても不自然ではない」

「成分が行列の行列とは奇抜なアイデア，たとえば

$$A = \begin{pmatrix} 2 & 4 \\ 3 & 5 \end{pmatrix}, B = \begin{pmatrix} 1 & 6 & 8 \\ 5 & 7 & 0 \end{pmatrix}, C = \begin{pmatrix} 9 & 2 \\ 0 & 3 \end{pmatrix}, D = \begin{pmatrix} 4 & 3 & 7 \\ 5 & 6 & 2 \end{pmatrix}$$

のとき

$$\begin{pmatrix} A & B \\ C & D \end{pmatrix}$$

のようなものですか」

「そう，逆にみれば行列の**区分**……君の挙げた例でみると

$$\begin{pmatrix} 2 & 4 & 1 & 6 & 8 \\ 3 & 5 & 5 & 7 & 0 \\ 9 & 2 & 4 & 3 & 7 \\ 0 & 3 & 5 & 6 & 2 \end{pmatrix} \longrightarrow \left(\begin{array}{cc|ccc} 2 & 4 & 1 & 6 & 8 \\ 3 & 5 & 5 & 7 & 0 \\ \hline 9 & 2 & 4 & 3 & 7 \\ 0 & 3 & 5 & 6 & 2 \end{array} \right)$$

区分されたところは，ちょうど行列 A, B, C, D になる」

「区分の仕方はいろいろあるが……」

「行列の演算に支障のないような区分を探ろうというのです」

「加法から順に当ってみよう．

$$\begin{pmatrix} 2 & 3 & 5 \\ 4 & 1 & 6 \\ 5 & 2 & 3 \\ 7 & 3 & 8 \end{pmatrix} + \begin{pmatrix} 6 & 1 & 2 \\ 8 & 7 & 5 \\ 4 & 6 & 4 \\ 9 & 5 & 3 \end{pmatrix} = \begin{pmatrix} 2+6 & 3+1 & 5+2 \\ 4+8 & 1+7 & 6+5 \\ 5+4 & 2+6 & 3+4 \\ 7+9 & 3+5 & 8+3 \end{pmatrix}$$

なんだ．行列の加法は対応する成分をたすだけのもの……どのよう

に区分してもよいですね. 区分の仕方が同じであれば…….

$$
\left(\begin{array}{cc|c} 2 & 3 & 5 \\ 4 & 1 & 6 \\ \hline 5 & 2 & 3 \\ 7 & 3 & 8 \end{array}\right) + \left(\begin{array}{cc|c} 6 & 1 & 2 \\ 8 & 7 & 5 \\ \hline 4 & 6 & 4 \\ 9 & 5 & 3 \end{array}\right) = \left(\begin{array}{cc|c} 2+6 & 3+1 & 5+2 \\ 4+8 & 1+7 & 6+5 \\ \hline 5+4 & 2+6 & 3+4 \\ 7+9 & 3+5 & 8+3 \end{array}\right)
$$

いや, 大発見です」

「加えた 2 の行列を A, B とし, 区分によってできた行列をそれぞれ $A_{11}, A_{12}, \cdots\cdots; B_{11}, B_{12}, \cdots\cdots$ のように表してごらん」

「こうですね.

$$
\left(\begin{array}{cc} A_{11} & A_{12} \\ A_{21} & A_{22} \end{array}\right) + \left(\begin{array}{cc} B_{11} & B_{12} \\ B_{21} & B_{22} \end{array}\right) = \left(\begin{array}{cc} A_{11}+B_{11} & A_{12}+B_{12} \\ A_{21}+B_{21} & A_{22}+B_{22} \end{array}\right)
$$

自信が出た. はじめは不安であったが」

「では, その勢で, 行列のスカラー倍を……」

$$
3\left(\begin{array}{cc|c} 2 & 3 & 5 \\ 4 & 1 & 6 \\ \hline 5 & 2 & 3 \\ 7 & 3 & 8 \end{array}\right) = \left(\begin{array}{cc|c} 3\cdot2 & 3\cdot3 & 3\cdot5 \\ 3\cdot4 & 3\cdot1 & 3\cdot6 \\ \hline 3\cdot5 & 3\cdot2 & 3\cdot3 \\ 3\cdot7 & 3\cdot3 & 3\cdot8 \end{array}\right)
$$

こんどは区分の仕方が自由……行列が 1 つだから,

$$
3\left(\begin{array}{cc} A_{11} & A_{12} \\ A_{21} & A_{22} \end{array}\right) = \left(\begin{array}{cc} 3A_{11} & 3A_{12} \\ 3A_{21} & 5A_{22} \end{array}\right)
$$

"案ずるより生むが早い" とはよくいったものです」

$$\times \qquad\qquad \times$$

「調子に乗るのは早い. 行列の分割の本番は乗法……これを征服しませんとね. 一気にやるのは無理であろう. 積 AX で X の区分

から手をつけてみよう．たとえば

$$\begin{pmatrix} a_1 & a_2 \\ b_1 & b_2 \end{pmatrix} \begin{pmatrix} x_1 & y_1 & z_1 \\ x_2 & y_2 & z_2 \end{pmatrix} = \begin{pmatrix} a_1x_1 + a_2x_2 & a_1y_1 + a_2y_2 & a_1z_1 + a_2z_2 \\ b_1x_1 + b_2x_2 & b_1y_1 + b_2y_2 & b_1z_1 + b_2z_2 \end{pmatrix}$$

①　②　③　　　　　　　①′　　　　　　②′　　　　　　③′

これをよくごらん．①′の列は①の列に関係があるだけ．②′の列は②の列に関係あるだけ．③′と③についても同じ．そこで，上の式で X の分割を考えればどうなる」

「X の区分は自由ですね，それに応じ積でも同じ区分が……」

「そう．たとえば②，③の間で分けてみると

$$\begin{pmatrix} a_1 & a_2 \\ b_1 & b_2 \end{pmatrix} \left(\begin{pmatrix} x_1 & y_1 \\ x_2 & y_2 \end{pmatrix} \begin{pmatrix} z_1 \\ z_2 \end{pmatrix} \right) = \left(\begin{pmatrix} a_1 & a_2 \\ b_1 & b_2 \end{pmatrix} \begin{pmatrix} x_1 & y_1 \\ x_2 & y_2 \end{pmatrix} \quad \begin{pmatrix} a_1 & a_2 \\ b_1 & b_2 \end{pmatrix} \begin{pmatrix} z_1 \\ z_2 \end{pmatrix} \right)$$

$$A(B_1 \quad B_2) = (AB_1 \quad AB_2)$$

この計算は，数を成分とする行列の場合の $a(b_1 \quad b_2) = (ab_1 \quad ab_2)$ と全く同じ」

「行列の乗法もうまく出来てますね．区分をやって，その巧妙さが分って来た．最初はヘンな約束と思っていたが」

$$\times \qquad\qquad\qquad \times$$

「今度は積 AB で A の分割を検討しよう．たとえば

①
②
③
$$\begin{pmatrix} a_1 & a_2 \\ b_1 & b_2 \\ c_1 & c_2 \end{pmatrix} \begin{pmatrix} x_1 & y_1 \\ x_2 & y_2 \end{pmatrix} = \begin{pmatrix} a_1x_1 + a_2x_2 & a_1y_1 + a_2y_2 \\ b_1x_1 + b_2x_2 & b_1y_1 + b_2y_2 \\ c_1x_1 + c_2x_2 & c_1y_1 + c_2y_2 \end{pmatrix}$$
①′
②′
③′

この場合も①′の行は①の行に関係があるだけ．②′と②，③′と③についても同じ．そこで……」

「A の区分は自由」

「そう．たとえば①と②の間で切れば，積のほうも①′と②′の間で切れる．

$$\left(\begin{array}{c}\left(\begin{array}{cc}a_1 & a_2\end{array}\right)\\\left(\begin{array}{cc}b_1 & b_2\\c_1 & c_2\end{array}\right)\end{array}\right)\left(\begin{array}{cc}x_1 & y_1\\x_2 & y_2\end{array}\right)=\left(\begin{array}{c}\left(\begin{array}{cc}a_1 & a_2\end{array}\right)\left(\begin{array}{cc}x_1 & y_1\\x_2 & y_2\end{array}\right)\\\left(\begin{array}{cc}b_1 & b_2\\c_1 & c_2\end{array}\right)\left(\begin{array}{cc}x_1 & y_1\\x_2 & y_2\end{array}\right)\end{array}\right)$$

行列 A を区分したときに出来る行列を A の小行列という．上の区分で A の小行列を A_1, A_2 とすると

$$\left(\begin{array}{c}A_1\\A_2\end{array}\right)X=\left(\begin{array}{c}A_1X\\A_2X\end{array}\right)$$

これも，成分が数の行列の計算 $\left(\begin{array}{c}a_1\\a_2\end{array}\right)b=\left(\begin{array}{c}a_1b\\a_2b\end{array}\right)$ とそっくり同じ」

「行列の積のからくりが解けてゆく感じで楽しい．AB で A も B も区分した場合は，以上の複合で解明されそう．

$$AB=\left(\begin{array}{c}A_1\\A_2\end{array}\right)(X_1X_2)=\left(\left(\begin{array}{c}A_1\\A_2\end{array}\right)X_1\quad\left(\begin{array}{c}A_1\\A_2\end{array}\right)X_2\right)$$

$$=\left(\left(\begin{array}{c}A_1X_1\\A_2X_1\end{array}\right)\left(\begin{array}{c}A_1X_2\\A_2X_2\end{array}\right)\right)=\left(\begin{array}{cc}A_1X_1 & A_1X_2\\A_2X_1 & A_2X_2\end{array}\right)$$

予想どおり」

「いや，積の本番はまだですね．いまのは A を横に，B を縦に切ってある．積の本番は A を縦に，B を横に切る場合です．たと

えば

$$AB = \begin{pmatrix} a_1 & a_2 & a_3 & a_4 \\ b_1 & b_2 & b_3 & b_4 \\ c_1 & c_2 & c_3 & c_4 \end{pmatrix} \begin{pmatrix} x_1 & y_1 \\ x_2 & y_2 \\ x_3 & y_3 \\ x_4 & y_4 \end{pmatrix}$$

$$= \begin{pmatrix} a_1x_1 + a_2x_2 + a_3x_3 + a_4x_4 & a_1y_1 + a_2y_2 + a_3y_3 + a_4y_4 \\ b_1x_1 + b_2x_2 + b_3x_3 + b_4x_4 & b_1y_1 + b_2y_2 + b_3y_3 + b_4y_4 \\ c_1x_1 + c_2x_2 + c_3x_3 + c_4x_4 & c_1y_1 + c_2y_2 + c_3y_3 + c_4y_4 \end{pmatrix}$$

切る　　　　　　　　　　　　切る

積を矢印のところで切ってごらん．その前半はサフィックスが 1 と 2 のみで，後半のサフィックスは 3 と 4 のみ．ということは，もと の行列 A, B を矢線のところで切って，小行列の乗法が可能である こと．

$$\begin{pmatrix} a_1 & a_2 & a_3 & a_4 \\ b_1 & b_2 & b_3 & b_4 \\ c_1 & c_2 & c_3 & c_4 \end{pmatrix} \begin{pmatrix} x_1 & y_1 \\ x_2 & y_2 \\ x_3 & y_3 \\ x_4 & y_4 \end{pmatrix}$$

2 列　　2 列　　　　　　　2 行　　2 行

$$= \left(\begin{pmatrix} a_1 & a_2 \\ b_1 & b_2 \\ c_1 & c_2 \end{pmatrix} \begin{pmatrix} x_1 & y_1 \\ x_2 & y_2 \end{pmatrix} + \begin{pmatrix} a_3 & a_4 \\ b_3 & b_4 \\ c_3 & c_4 \end{pmatrix} \begin{pmatrix} x_3 & y_3 \\ x_4 & y_4 \end{pmatrix} \right)$$

$$(A_1 \quad A_2) \begin{pmatrix} X_1 \\ X^2 \end{pmatrix} = (A_1X_1 + A_2X_2) \tag{①}$$

これも成分が数の行列の場合の計算と一致する」

「A の縦の切り方と B の横の切り方が同じでないとダメ」

「そう．そこが，この分割の急所です．いまのは A を列，2 列に 切ったから B は 2 行，2 行に切った」

「A を 3 列，1 列に切ったときは，B は 3 行，1 行に切ればよいですね．こんなふうに……，

$$\begin{array}{c} \\ \end{array}\overset{\displaystyle \begin{array}{cc} 3\,\text{列} & 1\,\text{列} \end{array}}{\left(\begin{array}{ccc|c} a_1 & a_2 & a_3 & a_4 \\ b_1 & b_2 & b_3 & b_4 \\ c & c_2 & c_3 & c_4 \end{array}\right)} \left(\begin{array}{cc} x_1 & y_1 \\ x_2 & y_2 \\ \hline x_3 & y_3 \\ x_4 & y_4 \end{array}\right) \begin{array}{l} 3\,\text{行} \\[28pt] 1\,\text{行} \end{array}$$

$$= \left(\left(\begin{array}{ccc} a_1 & a_2 & a_3 \\ b_1 & b_2 & b_3 \\ c_1 & c_2 & c_3 \end{array}\right)\left(\begin{array}{cc} x_1 & y_1 \\ x_2 & y_2 \\ x_3 & y_3 \end{array}\right) + \left(\begin{array}{c} a_4 \\ b_4 \\ c_4 \end{array}\right)\left(\begin{array}{cc} x_4 & y_4 \end{array}\right)\right)$$

これも小行列で表すと①と全く同じ形の式ですね」

　　　　　　　　×　　　　　　　　　　　　　　×

「ここまで来れば用意万端済んだわけで，AB の 2 の行列を縦からも横からも切ることができる．

$$\underset{\text{自由}}{\overset{\text{切り方}}{\longrightarrow}}\overset{\displaystyle \begin{array}{cc} 3\,\text{列} & 1\,\text{列} \end{array}}{\left(\begin{array}{ccc|c} a_1 & a_2 & a_3 & a_4 \\ b_1 & b_2 & b_3 & b_4 \\ \hline c_1 & c_2 & c_3 & c_4 \end{array}\right)}\overset{\displaystyle \overset{\text{切り方自由}}{\downarrow}}{\left(\begin{array}{c|c} x_1 & y_1 \\ x_2 & y_2 \\ x_3 & y_3 \\ \hline x_4 & y_4 \end{array}\right)}\begin{array}{l} 3\,\text{行} \\[20pt] 1\,\text{行} \end{array}$$

$$= \left(\begin{array}{cc} \left(\begin{array}{ccc} a_1 & a_2 & a_3 \\ b_1 & b_2 & b_3 \end{array}\right)\left(\begin{array}{c} x_1 \\ x_2 \\ x_3 \end{array}\right) + \left(\begin{array}{c} a_4 \\ b_4 \end{array}\right)(x_4) & \left(\begin{array}{ccc} a_1 & a_2 & a_3 \\ b_1 & b_2 & c_2 \end{array}\right)\left(\begin{array}{c} y_1 \\ y_2 \\ y_3 \end{array}\right) + \left(\begin{array}{c} a_4 \\ b_4 \end{array}\right)(y_4) \\[30pt] \left(\begin{array}{ccc} c_1 & c_2 & c_3 \end{array}\right)\left(\begin{array}{c} x_1 \\ x_2 \\ x_3 \end{array}\right) + (c_4)(x_4) & \left(\begin{array}{ccc} c_1 & c_2 & c_3 \end{array}\right)\left(\begin{array}{c} y_1 \\ y_2 \\ y_3 \end{array}\right) + (c_4)(y_4) \end{array}\right)$$

小行列を大文字で表してみると

$$\left(\begin{array}{cc} A_{11} & A_{12} \\ A_{21} & A_{22} \end{array}\right)\left(\begin{array}{cc} X_{11} & X_{12} \\ X_{21} & X_{22} \end{array}\right) = \left(\begin{array}{cc} A_{11}X_{11} + A_{12}X_{21} & A_{11}X_{12} + A_{12}X_{22} \\ A_{21}X_{11} + A_{22}X_{21} & A_{21}X_{12} + A_{22}X_{22} \end{array}\right)$$

一般化の時が迫った」

定理 19　A, B をそれぞれ (l, m) 型，(m, n) 型の行列とするとき，A を縦に r 列と s 列に，B を横に r 行と s 行に分割し，A を横に自由に，B を縦に自由に分割すれば，AB は小行列を成分とする行列の乗法が可能である．ただし $m = r + s$.

「図解を添えておこう．

分割を多くしても原理に変りはない．A の縦の切り方と B の横の切り方とを一致させる以外は切り方に制限がない」

例 24　次の行列の積を，下の分割を用いて計算せよ．

$$AB = \left(\begin{array}{cc|cc} 3 & 1 & 1 & 0 \\ 5 & 2 & 0 & 1 \\ \hline 0 & 0 & 5 & -4 \\ 0 & 0 & 4 & -3 \end{array}\right) \left(\begin{array}{cc|cc} 2 & -1 & 1 & 0 \\ -5 & 3 & 0 & 1 \\ \hline 0 & 0 & -3 & 4 \\ 0 & 0 & -4 & 5 \end{array}\right)$$

解

$$\begin{pmatrix} A_{11} & E \\ O & A_{22} \end{pmatrix} \begin{pmatrix} B_{11} & E \\ O & B_{22} \end{pmatrix} = \begin{pmatrix} A_{11}B_{11} & A_{11}E + EB_{22} \\ O & A_{22}B_{22} \end{pmatrix}$$

$$A_{11}B_{11} = \begin{pmatrix} 3 & 1 \\ 5 & 2 \end{pmatrix} \begin{pmatrix} 2 & -1 \\ -5 & 3 \end{pmatrix} = \begin{pmatrix} 1 & 0 \\ 0 & 1 \end{pmatrix}$$

$$A_{11}E + EB_{22} = A_{11} + B_{22} = \begin{pmatrix} 3 & 1 \\ 5 & 2 \end{pmatrix} + \begin{pmatrix} -3 & 4 \\ -4 & 5 \end{pmatrix} = \begin{pmatrix} 0 & 5 \\ 1 & 7 \end{pmatrix}$$

$$A_{22}B_{22} = \begin{pmatrix} 5 & -4 \\ 4 & -3 \end{pmatrix} \begin{pmatrix} -3 & 4 \\ -4 & 5 \end{pmatrix} = \begin{pmatrix} 1 & 0 \\ 0 & 1 \end{pmatrix}$$

$$AB = \begin{pmatrix} 1 & 0 & 0 & 5 \\ 0 & 1 & 1 & 7 \\ 0 & 0 & 1 & 0 \\ 0 & 0 & 0 & 1 \end{pmatrix}$$

例 25 次の形の4次の行列全体 M は乗法について閉じていることを，適当に分割して示せ．

$$\begin{pmatrix} a_{11} & a_{12} & a_{13} & p_1 \\ a_{21} & a_{22} & a_{23} & p_2 \\ a_{31} & a_{32} & a_{33} & p_3 \\ 0 & 0 & 0 & 1 \end{pmatrix}$$

解 次のように，小行列を $A, \boldsymbol{p}, \boldsymbol{0}, 1$ を用いて表す．

$$\left(\begin{array}{ccc|c} a_{11} & a_{12} & a_{13} & p_1 \\ a_{21} & a_{22} & a_{23} & p_2 \\ a_{31} & a_{32} & a_{33} & p_3 \\ \hline 0 & 0 & 0 & 1 \end{array} \right) = \begin{pmatrix} A & \boldsymbol{p} \\ \boldsymbol{0} & 1 \end{pmatrix}$$

$$\begin{pmatrix} A & \boldsymbol{p} \\ \boldsymbol{0} & 1 \end{pmatrix} \begin{pmatrix} B & \boldsymbol{q} \\ \boldsymbol{0} & 1 \end{pmatrix} = \begin{pmatrix} AB & A\boldsymbol{q} + \boldsymbol{p} \\ \boldsymbol{0} & 1 \end{pmatrix}$$

AB は $(3,3)$ 型と $(3,3)$ 型の積で $(3,3)$ 型の行列である. Aq は $(3,3)$ 型と $(3,1)$ 型の積で $(3,1)$ 型, これに $(3,1)$ 型の p を加えた $Aq+p$ は $(3,1)$ 型である. したがって上の行列も M に属し, M は乗法について閉じている.

2 行列をベクトルに区分する

「行列の区分として最初に頭に浮ぶのは, 列ベクトルに分けるものと行ベクトルに分けるものであろう.

$$\left(\begin{array}{c|c|c|c} a_1 & a_2 & a_3 & a_4 \\ b_1 & b_2 & b_3 & b_4 \\ c_1 & c_2 & c_3 & c_4 \end{array}\right) = \left(\begin{array}{cccc} \boldsymbol{a_1} & \boldsymbol{a_2} & \boldsymbol{a_3} & \boldsymbol{a_4} \end{array}\right) \quad \begin{array}{l}\text{成分は}\\\text{列ベクトル}\end{array}$$

$$\left(\begin{array}{cccc} a_1 & a_2 & a_3 & a_4 \\ \hline b_1 & b_2 & b_3 & b_4 \\ \hline c_1 & c_2 & c_3 & c_4 \end{array}\right) = \left(\begin{array}{c} \boldsymbol{a} \\ \boldsymbol{b} \\ \boldsymbol{c} \end{array}\right) \quad \begin{array}{l}\text{成分は}\\\text{行ベクトル}\end{array}$$

ベクトルは行列の仲間ではあるが, ベクトルであることを強調するためにゴチック体の小文字を用いる人が最近は多い」

「列ベクトルと行ベクトルとの区別はどうするのです?」

「転置の記号を用いればよい. 一方を $\boldsymbol{a}$ で表せば他方は ${}^t\boldsymbol{a}$ というように……」

「高校でベクトルといえば行ベクトルですよ」

「そうでもない. 線形写像のときは突然列ベクトルですよ. たとえば

$$\left(\begin{array}{c} x' \\ y' \end{array}\right) = \left(\begin{array}{cc} 6 & -2 \\ 4 & 5 \end{array}\right)\left(\begin{array}{c} x \\ y \end{array}\right)$$

のように」

「そこで学生の頭は混乱し, 教師は迷う」

「この混乱を避けるには転置を考える以外にないでしょう」

「線形写像でみる限り，列ベクトルが有利なようですが」

「それで，専門書は列ベクトルに統一の傾向がみられる．僕もこの流儀でゆきたい」

「でも，列ベクトルは上下に伸びるので，文章の横書きには向きませんね」

「そこが列ベクトルの泣きどころ．止むを得ない．少くとも写像を取扱うようになったら列ベクトルに統一する，というのが僕の持論です」

×　　　　　　　　　×

「少々脱線した．話を行列の分割に戻し，演算との関係をみよう．和とスカラー倍は簡単だから殆んど問題にならない．重要なのは行列の積 AB の場合……区分の原理からみて 4 通り考えられる．A が $(2,3)$ 行列で B が $(3,4)$ 行列の例をとる．

$$AB = \begin{pmatrix} a_1 & a_2 & a_3 \\ b_1 & b_2 & b_3 \end{pmatrix} \begin{pmatrix} x_1 & y_1 & z_1 & u_1 \\ x_2 & y_2 & z_2 & u_2 \\ x_3 & y_3 & z_3 & u_3 \end{pmatrix} \quad x = \begin{pmatrix} x_1 \\ x_2 \\ x_3 \end{pmatrix} \text{など．}$$

（ⅰ）A はそのままで B を列ベクトルに区分

$$A(\boldsymbol{x}\ \ \boldsymbol{y}\ \ \boldsymbol{z}\ \ \boldsymbol{u}) = (A\boldsymbol{x}\ \ A\boldsymbol{y}\ \ A\boldsymbol{z}\ \ A\boldsymbol{u})$$

$(2,3)$型　$(3,1)$型

（ⅱ）B はそのままで A は行ベクトルに区分

$$\begin{pmatrix} \boldsymbol{a} \\ \boldsymbol{b} \end{pmatrix} B = \begin{pmatrix} \boldsymbol{a}B \\ \boldsymbol{b}B \end{pmatrix} \quad \text{ただし} \quad \begin{aligned} \boldsymbol{a} &= (a_1\ \ a_2\ \ a_3) \\ \boldsymbol{b} &= (b_1\ \ b_2\ \ b_3) \end{aligned}$$

$(1,3)$型　$(3,4)$型

（ⅲ）A を行ベクトル，B を列ベクトルに区分

88

$$\begin{pmatrix} a \\ b \end{pmatrix} \begin{pmatrix} x & y & z & u \end{pmatrix} = \begin{pmatrix} ax & ay & az & au \\ bx & by & bz & bu \end{pmatrix}$$

(1,3)型　(3,1)型

（iv）A を列ベクトル，B を行ベクトルに区分

$$\begin{pmatrix} p & q & r \end{pmatrix} \begin{pmatrix} l \\ m \\ n \end{pmatrix} = pl + qm + rn$$

(2,1)型

(1,4)型

ただし $p = \begin{pmatrix} a_1 \\ b_1 \end{pmatrix}, q = \begin{pmatrix} a_2 \\ b_2 \end{pmatrix}, \cdots\cdots, l = \begin{pmatrix} x_1 & y_1 & z_1 & u_1 \end{pmatrix}$
など.

ごらんのようにいろいろあるが，区分と計算の原理は一般の場合と少しも変らない」

×　　　　　　×

「最後に区分行列と転置の関係……」
「実例に当ってみるのが早そう.

$$A = \begin{pmatrix} a_1 & a_2 & a_3 & a_4 \\ b_1 & b_2 & b_3 & b_4 \\ \hline c_1 & c_2 & c_3 & c_4 \end{pmatrix} \quad {}^tA = \begin{pmatrix} a_1 & b_1 & c_1 \\ a_2 & b_2 & c_2 \\ a_3 & b_3 & c_3 \\ \hline a_4 & b_4 & c_4 \end{pmatrix}$$

$$A = \begin{pmatrix} A_{11} & A_{12} \\ A_{21} & A_{22} \end{pmatrix} \text{ とおくと } {}^tA = \begin{pmatrix} {}^tA_{11} & {}^tA_{21} \\ {}^tA_{12} & {}^tA_{22} \end{pmatrix}$$

なるほど，小行列自身の位置がかわり，その上，小行列も転置行列にかわる. 定理としてまとめておきたい」

定理 20　$A = \begin{pmatrix} A_{11} & A_{12} \\ A_{21} & A_{22} \end{pmatrix}$ ならば ${}^tA = \begin{pmatrix} {}^tA_{11} & {}^tA_{21} \\ {}^tA_{12} & {}^tA_{22} \end{pmatrix}$

「ベクトルに区分した場合が曲物. A を列ベクトルに区分したのを, たとえば, $A = (\boldsymbol{a} \quad \boldsymbol{b} \quad \boldsymbol{c})$ とすると」

$$ {}^tA = {}^t(\boldsymbol{a} \quad \boldsymbol{b} \quad \boldsymbol{c}) = \begin{pmatrix} {}^t\boldsymbol{a} \\ {}^t\boldsymbol{b} \\ {}^t\boldsymbol{c} \end{pmatrix} $$

「${}^t\boldsymbol{a}, {}^t\boldsymbol{b}, {}^t\boldsymbol{c}$ をっかり横に並べそうです」

例 26　次の行列 A, B で

(1)　AB を $\boldsymbol{a}_1, \boldsymbol{a}_2, \boldsymbol{a}_3$ で表せ.

(2)　AB を $\boldsymbol{b}_1, \boldsymbol{b}_2, \boldsymbol{b}_3$ で表せ.

$$ A = \begin{pmatrix} 8 & 4 & 3 \\ 2 & 5 & -1 \\ 2 & -7 & 9 \end{pmatrix} = (\boldsymbol{a}_1 \quad \boldsymbol{a}_2 \quad \boldsymbol{a}_3), \quad B = \begin{pmatrix} 2 & 5 \\ -6 & 7 \\ 3 & -1 \end{pmatrix} = \begin{pmatrix} \boldsymbol{b}_1 \\ \boldsymbol{b}_2 \\ \boldsymbol{b}_3 \end{pmatrix} $$

解

(1)　$AB = \begin{pmatrix} \boldsymbol{a}_1 & \boldsymbol{a}_2 & \boldsymbol{a}_3 \end{pmatrix} \begin{pmatrix} 2 & 5 \\ -6 & 7 \\ 3 & -1 \end{pmatrix}$

$\qquad = \begin{pmatrix} 2\boldsymbol{a}_1 - 6\boldsymbol{a}_2 + 3\boldsymbol{a}_3 & 5\boldsymbol{a}_1 + 7\boldsymbol{a}_2 - \boldsymbol{a}_3 \end{pmatrix}$

(2) $AB = \begin{pmatrix} 8 & 4 & 3 \\ 2 & 5 & -1 \\ 2 & -7 & 9 \end{pmatrix} \begin{pmatrix} \boldsymbol{b}_1 \\ \boldsymbol{b}_2 \\ \boldsymbol{b}_3 \end{pmatrix} = \begin{pmatrix} 8\boldsymbol{b}_1 + 4\boldsymbol{b}_2 + 3\boldsymbol{b}_3 \\ 2\boldsymbol{b}_1 + 5\boldsymbol{b}_2 - \boldsymbol{b}_3 \\ 2\boldsymbol{b}_1 - 7\boldsymbol{b}_2 + 9\boldsymbol{b}_3 \end{pmatrix}$

3 行列の区分の特殊型

「行列で三角行列，対角行列を考えたが，同様のものは行列の区分でも考えることができる．たとえば」

上三角行列 下三角行列 対角行列

$$\begin{pmatrix} A_{11} & A_{12} & A_{13} \\ O & A_{22} & A_{23} \\ O & O & A_{33} \end{pmatrix} \cdot \begin{pmatrix} A_{11} & O & O \\ A_{21} & A_{22} & O \\ A_{31} & A_{32} & A_{33} \end{pmatrix} \begin{pmatrix} A_{11} & O & O \\ O & A_{22} & O \\ O & O & A_{33} \end{pmatrix}$$

「数の行列と形が同じだから性質も同じことでしょう」

「行列の乗法は交換可能とは限らない．だから，小行列の計算では，これに注意すること」

例 27 （1）$ab \neq 0$ のとき次の行列の逆行列を求めよ．

$$M = \begin{pmatrix} a & c \\ 0 & b \end{pmatrix}$$

（2）A は r 次，B は s 次の正則行列であるとき，次の行列の逆行列を求めよ．

$$M = \begin{pmatrix} A & C \\ O & B \end{pmatrix}$$

解
（1）M の逆行列を $N = \begin{pmatrix} x & y \\ z & u \end{pmatrix}$ とおくと

$$\begin{pmatrix} a & c \\ 0 & b \end{pmatrix} \begin{pmatrix} x & y \\ z & u \end{pmatrix} = \begin{pmatrix} 1 & 0 \\ 0 & 1 \end{pmatrix}$$

$$\begin{cases} ax + cz = 1 \\ bz = 0 \end{cases} \quad \begin{cases} ay + cu = 0 \\ bu = 1 \end{cases}$$

これを解いて $z = 0, x = a^{-1}, u = b^{-1}, y = -a^{-1}cb^{-1}$

$$N = \begin{pmatrix} a^{-1} & -a^{-1}cb^{-1} \\ 0 & b^{-1} \end{pmatrix}$$

$$MN = \begin{pmatrix} a & c \\ 0 & b \end{pmatrix} \begin{pmatrix} a^{-1} & -a^{-1}cb^{-1} \\ 0 & b^{-1} \end{pmatrix} = \begin{pmatrix} 1 & 0 \\ 0 & 1 \end{pmatrix}$$

$$NM = \begin{pmatrix} a^{-1} & -a^{-1}cb^{-1} \\ 0 & b^{-1} \end{pmatrix} \begin{pmatrix} a & c \\ 0 & b \end{pmatrix} = \begin{pmatrix} 1 & 0 \\ 0 & 1 \end{pmatrix}$$

よって N は求める逆行列 M^{-1} である.

(2)　M の逆行列を $N = \begin{pmatrix} X & Y \\ Z & U \end{pmatrix}$. とおく. ただし X は r 次, U は s 次の正方行列とする.

$$\begin{pmatrix} A & C \\ O & B \end{pmatrix} \begin{pmatrix} X & Y \\ Z & U \end{pmatrix} = \begin{pmatrix} E_r & O \\ O & E_s \end{pmatrix}$$

左辺を計算して

$$\begin{pmatrix} AX + CZ & AY + CU \\ BZ & BU \end{pmatrix} = \begin{pmatrix} E & O \\ O & E \end{pmatrix}$$

$$AX + CZ = E \cdots\cdots ① \qquad AY + CU = O \cdots\cdots ③$$
$$BZ = O \cdots\cdots ② \qquad\qquad BU = E \cdots\cdots ④$$

B は正則であるから, ②, ④の両辺の左から B^{-1} をかけて

$$Z = O, \quad U = B^{-1}$$

これらを①, ③に代入し, 移項すれば

$$AX = E, \quad AY = -CB^{-1}$$

A は正則であるから, 上の式の両辺の左から A^{-1} をかけて

$$X = A^{-1}, \quad Y = -A^{-1}CB^{-1}$$

$$N = \begin{pmatrix} A^{-1} & -A^{-1}CB^{-1} \\ O & B^{-1} \end{pmatrix}$$

この行列が $MN = E, NM = E$ をみたすことは（1）と同様にして確められる．したがって N は求める逆行列 M^{-1} である．

×　　　　　　　　×

「よく似てますね．（1）と（2）は……」

「あたりまえです．似たものを並べ，似た解き方を試みたのだから．似た点に目がくらみ，異なる点を忘れないように……」

例 28　2 次行列 N の逆行列 N^{-1} は次の式で与えられる．

$$N = \begin{pmatrix} a & b \\ c & d \end{pmatrix}, \quad N^{-1} = \frac{1}{ad-bc} \begin{pmatrix} d & -b \\ -c & a \end{pmatrix}$$

これと前の例の（2）の結果を用い，次の行列の逆行列を求めよ．

$$M = \left(\begin{array}{cc|cc} 1 & 2 & 4 & -6 \\ 2 & 3 & -7 & 9 \\ \hline 0 & 0 & 8 & -5 \\ 0 & 0 & 3 & -2 \end{array} \right)$$

解

$$A = \begin{pmatrix} 1 & 2 \\ 2 & 3 \end{pmatrix}, \ B = \begin{pmatrix} 8 & -5 \\ 3 & -2 \end{pmatrix}, \ C = \begin{pmatrix} 4 & -6 \\ -7 & 9 \end{pmatrix} \text{ とおく．}$$

$$A^{-1} = -\begin{pmatrix} 3 & -2 \\ -2 & 1 \end{pmatrix}, \ B^{-1} = -\begin{pmatrix} -2 & 5 \\ -3 & 8 \end{pmatrix}$$

$$-A^{-1}CB^{-1} = -\begin{pmatrix} 3 & -2 \\ -2 & 1 \end{pmatrix} \begin{pmatrix} 4 & -6 \\ -7 & 9 \end{pmatrix} \begin{pmatrix} -2 & 5 \\ -3 & 8 \end{pmatrix}$$

$$= -\begin{pmatrix} 56 & -158 \\ -33 & 93 \end{pmatrix}$$

$$\therefore \quad M^{-1} = \begin{pmatrix} -3 & 2 & -56 & 158 \\ 2 & -1 & 33 & -93 \\ 0 & 0 & 2 & -5 \\ 0 & 0 & 3 & -8 \end{pmatrix}$$

練習問題—3

20 次の行列の逆行列を求めよ.

(1) $\begin{pmatrix} O & E_\tau \\ E_s & O \end{pmatrix}$ (2) $\begin{pmatrix} E_r & K \\ O & E_s \end{pmatrix}$

21 A, B, C が n 次行列で $P = \begin{pmatrix} O & E_n \\ -E_n & O \end{pmatrix}, Q = \begin{pmatrix} A & B \\ O & C \end{pmatrix}$

のとき

(1) P^2, PQ, QP, Q^2 を計算せよ.

(2) P^3, P^4 を求めよ.

22 K, A を r 次, D を s 次の行列とするとき, 次の積を求めよ.

(1) $\begin{pmatrix} O & E_s \\ E_\tau & O \end{pmatrix} \begin{pmatrix} A & B \\ C & D \end{pmatrix}$ (2) $\begin{pmatrix} A & B \\ C & D \end{pmatrix} \begin{pmatrix} O & E_r \\ E_s & O \end{pmatrix}$

(3) $\begin{pmatrix} K & O \\ O & E_s \end{pmatrix} \begin{pmatrix} A & B \\ C & D \end{pmatrix}$ (4) $\begin{pmatrix} A & B \\ C & D \end{pmatrix} \begin{pmatrix} K & O \\ O & E_s \end{pmatrix}$

(5) $\begin{pmatrix} E_r & H \\ O & E_s \end{pmatrix} \begin{pmatrix} A & B \\ C & D \end{pmatrix}$ (6) $\begin{pmatrix} A & B \\ C & D \end{pmatrix} \begin{pmatrix} E_r & H \\ O & E_s \end{pmatrix}$

23 次の積を求めよ.

$$\begin{pmatrix} E_r & O & O \\ O & O & E_s \\ O & E_t & O \end{pmatrix} \begin{pmatrix} E_r & O & O \\ O & O & E_t \\ O & E_s & O \end{pmatrix}$$

24 区分行列を用いて，次の2つの行列の積を求めよ．

$$P = \left(\begin{array}{cc|cc} 1 & a & 1 & b \\ 0 & 1 & 0 & 1 \\ \hline 0 & 0 & 1. & c \\ 0 & 0 & 0 & 1 \end{array} \right) \quad Q = \left(\begin{array}{cc|cc} 1 & x & 1 & y \\ 0 & 1 & 0 & 1 \\ \hline 0 & 0 & 1 & z \\ 0 & 0 & 0 & 1 \end{array} \right)$$

§4. 基本操作

1 基本操作のルーツ

「きょうの目標は行列を簡単な形にかえることです」

「簡単といっても人により見方が違うでしょう」

「成分に 0 が多ければ，君はホッとするだろう．こればかりは万人に共通で，理由も簡単．0 は特異な性質を持っている．$a + 0 = 0 + a = 0, a \times 0 = 0 \times a = 0$ など……」

「0 の多い行列といえば……角行列，対角行列，……」

「正方行列とは限らないからそれは失格……まあそれに似たものですね，目標の形があれば，当然，それを導くための操作が課題になる．目標と手段は切り離せない」

「それはそうですね．やみくもに 0 を作ったら，どんな行列も零行列になって元も子もない」

「行列の何かを失わない操作でないと……」

「なるほど，その "何か" が問題ですね」

「行列をジッと見ていても，行列はなんにもいわない．こんなときは行列の活躍舞台に目を向ければよいだろう」

「行列の活躍舞台といえば？」

「連立 1 次方程式や線形写像……身近なのは連立 1 次方程式ですね．これならば予備知識がいらない．君も自信があるだろう」

「解くことなら……」

「解くための操作はいたって簡単……加減法の反復であった」

「それを行列に応用するのですか」

「行列に応用というよりは，行列で表してみるのです」

「方程式を行列で表すのですね」

「そう，その前に，加減法を分析し，同値関係が保存されることを明かにしたい」

「謎が解けそう，加減法は同値関係を失わない．だから，同じ操作を行列にほどこしても，行列の何かを失わない」

「その見透しは頼もしい，同値関係を失わないは，解が変らない

こと……そこで，それが行列にどう反映するかが課題の核心……し
かし思案ばかりしていてもはじまらない，当って砕けよう」

×　　　　　　　　×

「最初の挑戦は加減法の分析であった．方程式を解くとき，両辺
に数をかけて簡単にすることがある．このとき，かける数が 0 でな
いならば，この逆操作——逆数をかけることもできるから同値関係
を失わない．方程式が 2 つの場合で示すと

$\lambda \neq 0$ のとき

$$\begin{cases} A = B \\ C = D \end{cases} \xrightleftharpoons[\lambda^{-1}(\text{第 1 式})]{\lambda(\text{第 1 式})} \begin{cases} \lambda A = \lambda B \\ C = D \end{cases}$$

しかし，加減法の操作の主役は，1 つの方程式に数 λ をかけ他の方
程式に加えること．

$$\begin{cases} A = B \\ C = D \end{cases} \longrightarrow \begin{cases} A = B \\ C + \lambda A = D + \lambda B \end{cases}$$

これにも逆操作がある．わかるかね」

「$-\lambda^{-1}$ をかけて加える」

「どれに $-\lambda^{-1}$ をかけ，どれに加えるのです？」

「$-\lambda^{-1}$ をかけるのは第 2 式，それを第 1 式に加える」

「口先だけではダメ．実行してごらん．

$$\begin{matrix} A = B \\ C + \lambda A = D + \lambda B \end{matrix} \longrightarrow \begin{cases} -\lambda^{-1}C = -\lambda^{-1}D \\ C + \lambda A = D + \lambda B \end{cases}$$

あれ，ヘンな式になった．」

「それごらん，もとに戻らない．それに君の操作は $\lambda = 0$ のとき
ダメ．$\lambda \neq 0$ はどこにもなかった」

「そう．これで同値関係を保つことがわかった．

$$\begin{cases} A = B \\ C = D \end{cases} \xrightleftharpoons[(\text{第 2 式})-\lambda(\text{第 1 式})]{(\text{第 2 式})+\lambda(\text{第 1 式})} \begin{cases} A = B \\ C + \lambda A = D + \lambda B \end{cases}$$

もう1つ，簡単な操作を補っておきたい」

「まだ，あるのですか」

「方程式の解法では，係数の簡単なものや，文字係数の少ないものから手をつける．ミスを避けるには，目をつけた方程式を最初に移すのがよい．これは見方をかえれば，方程式をいれかえること．

$$A = B \xrightleftharpoons[\text{いれかえ}]{\text{いれかえ}} \begin{cases} C = D \\ A = B \end{cases}$$

平凡な操作ですが形を整えるには欠かせない」

「連立方程式の解法は，3つの操作で十分？」

「1次ならば十分．まとめておこう」

定理 21　連立1次方程式を解くための次の3つの操作は，その連立方程式の同値関係を保つ．

（ⅰ）2つの方程式をいれかえる．

（ⅱ）1つの方程式に0でない数をかける．

（ⅲ）1つの方程式に数をかけ，他の方程式にたす．

「3つの操作の真価を，具体例で確認しょう．次の連立1次方程式を3つの操作のみで……実際に解いてみる」

$$\begin{cases} 3x-5y+21z= 11 \cdots\cdots \boldsymbol{a} \\ 5x-10y+40z=15 \cdots\cdots \boldsymbol{b} \\ 2x- 5y+19z= 4 \cdots\cdots \boldsymbol{c} \end{cases}$$

↓

$\boldsymbol{b}$ の両辺を 5 でわる.
すなわち 5^{-1} をかける.

$$\begin{cases} 3x- 5y+21z=11 \cdots\cdots \boldsymbol{a_1} \\ x- 2y+ 8z= 3 \cdots\cdots \boldsymbol{b_1} \\ 2x- 5y+19z= 4 \cdots\cdots \boldsymbol{c_1} \end{cases}$$

↓

$\boldsymbol{a_1}$ と $\boldsymbol{b_1}$ をいれかえる.

$$\begin{cases} x- 2y+ 8z= 3 \cdots\cdots \boldsymbol{a_2} \\ 3x- 5y+21z=11 \cdots\cdots \boldsymbol{b_2} \\ 2x- 5y+19z= 4 \cdots\cdots \boldsymbol{c_2} \end{cases}$$

↓

$\boldsymbol{b_2}$ に $\boldsymbol{a_2}$ の -3 倍をたす.
$\boldsymbol{c_2}$ に $\boldsymbol{a_2}$ の -2 倍をたす.

$$\begin{cases} x- 2y+ 8z=3 \cdots\cdots \boldsymbol{a_3} \\ y- 3z=2 \cdots\cdots \boldsymbol{b_3} \\ -y+ 3z=-2 \cdots\cdots \boldsymbol{c_3} \end{cases}$$

↓

$\boldsymbol{c_3}$ に $\boldsymbol{b_3}$ をたす.

$$\begin{cases} x- 2y+ 8z=3 \cdots\cdots \boldsymbol{a_4} \\ y- 3z=2 \cdots\cdots \boldsymbol{b_4} \\ 0=0 \cdots\cdots \boldsymbol{c_4} \end{cases}$$

↓

$\boldsymbol{a_4}$ に $\boldsymbol{b_4}$ の 2 倍をたす.

$$\begin{cases} x + 2z=7 \cdots\cdots \boldsymbol{a_5} \\ y- 3z=2 \cdots\cdots \boldsymbol{b_5} \\ 0=0 \cdots\cdots \boldsymbol{c_5} \end{cases}$$

「これで解けたようなもの，c_5 はつねに成り立つから不要．z の項を移項して $x=7-2z, y=2+3z$，ここで $z=t$ とおくと

$$\begin{cases} x = 7-2t \\ y = 2+3t \quad (t \text{ は任意の数}) \\ z = t \end{cases}$$

これが求める解です」

「行列との関係を知りたい」

「稿を改め，くわしく調べよう」

2　基本操作で標準形へ

「いま解いた方程式を行列で表せば，方程式の形は行列の成分の値で示され，方程式を解く操作は行列を変形する操作にかわる．項の消失したところは $0x, 0y$ のように係数が 0 の項として復活させておく」

$$\begin{pmatrix} 3 & -5 & 21 & | & 11 \\ 5 & -10 & 40 & | & 15 \\ 2 & -5 & 19 & | & 4 \end{pmatrix}$$

第2行に 5^{-1} をかける．

$$\begin{pmatrix} 3 & -5 & 21 & | & 11 \\ 1 & -2 & 8 & | & 3 \\ 2 & -5 & 19 & | & 4 \end{pmatrix}$$

第2行を第1行といれかえる．

$$\begin{pmatrix} 1 & -2 & 8 & | & 3 \\ 3 & -5 & 21 & | & 11 \\ 2 & -5 & 19 & | & 4 \end{pmatrix}$$

第2行に第1行の -3 倍をたす．
第3行に第1行の -2 倍をたす．

$$\begin{pmatrix} 1 & -2 & 8 & | & 3 \\ 0 & 1 & -3 & | & 2 \\ 0 & -1 & 3 & | & -2 \end{pmatrix}$$

第2行を第3行にたす．

$$\begin{pmatrix} 1 & -2 & 8 & | & 3 \\ 0 & 1 & -3 & | & 2 \\ 0 & 0 & 0 & | & 0 \end{pmatrix}$$

第1行に第2行の 2 倍をたす．

$$\begin{pmatrix} 1 & 0 & 2 & | & 7 \\ 0 & 1 & -3 & | & 2 \\ 0 & 0 & 0 & | & 0 \end{pmatrix}$$

×　　　　×

「方程式を解く３つの操作から，行列の行に関する３つの操作を知った．これを列へも拡張し，行列の**基本操作**というのです」

行に関する基本操作

（行 i ）２つの行をいれかえる．

（行 ii ）１つの行に０でない数をかける．

（行 iii ）１つの行に他の行の何倍かをたす．

列に関する基本操作

（列 i ）２つの列をいれかえる．

（列 ii ）１つの列に０でない数をかける．

（列 iii ）１つの列に他の列の何倍かをたす．

「当面の課題は基本操作によって行列はどれだけ簡単にできるか，その簡単な形とは一体どんな行列かを解明することです」

「基本操作は２種類ある……行と列のを全部用いて？」

「操作を制限すれば簡単化も制限されるのは当然……それについては，あとで考えたい．さしあたり，すべての操作をフルに用いることにする」

「竹の子の皮をむいて中味を調べるように」

「服を一枚一枚ぬいでバストを測るようなもの」

「へえ，ヌードですか」

「邪念を抱くではない．目標はバストの測定……正確なサイズが分るまで脱いでもらわねば……」

「楽しくなって来た」

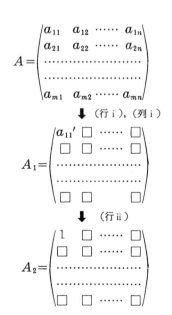

$$A = \begin{pmatrix} a_{11} & a_{12} & \cdots\cdots & a_{1n} \\ a_{21} & a_{22} & \cdots\cdots & a_{2n} \\ \cdots\cdots\cdots\cdots\cdots\cdots\cdots \\ \cdots\cdots\cdots\cdots\cdots\cdots\cdots \\ a_{m1} & a_{m2} & \cdots\cdots & a_{mn} \end{pmatrix}$$

↓ （行 i ），（列 i ）

$$A_1 = \begin{pmatrix} a_{11}' & \square & \cdots\cdots & \square \\ \square & \square & \cdots\cdots & \square \\ \cdots\cdots\cdots\cdots\cdots\cdots\cdots \\ \cdots\cdots\cdots\cdots\cdots\cdots\cdots \\ \square & \square & & \square \end{pmatrix}$$

↓ （行 ii ）

$$A_2 = \begin{pmatrix} 1 & \square & \cdots\cdots & \square \\ \square & \square & \cdots\cdots & \square \\ \cdots\cdots\cdots\cdots\cdots\cdots\cdots \\ \cdots\cdots\cdots\cdots\cdots\cdots\cdots \\ \square & \square & \cdots\cdots & \square \end{pmatrix}$$

「一般の行列 A で，成分のうち 0 でないものに目をつける」

「すべて 0 のこともあるが……」

「そのときは A は零行列だから

$$A = O$$

どの基本操作を試みても変らない．O が簡単化の終着駅です」

「A に 0 でない成分があったら」

「そのうちの 1 つに目をつける．行と列のいれかえを行って，その 0 でない成分を $(1,1)$ の位置に移したものを $a_{11}{}'$ とし，この新しい行列を A_1 で表そう．次に $a_{11}{}'$ をなるべく簡単にしたい．君ならどうする？」

「$a_{11}{}'$ を 1 にかえるため，第 1 行か第 1 列を $a_{11}{}'$ でわる」

「どちらでもよい．たとえば第 1 行を $a_{11}{}'$ でわり，新しい行列を A_2 とする．1 は有難い数……これがあると，第 1 行と第 1 列を裸にできる」

「裸か？　そうか．成分を 0 にすること．第 1 行を何倍かして，第 2 行，第 3 行，……にたす．列についても同じ」

「新しい行列を A_3 とし，A_3 から第 1 行と第 1 列を除いた部分行列を B とする」

「B についても同じことを試みるのでしょう」

「そう．もし B の成分がすべて 0 ならば，A_3 が最後の形で，これ以

⬇ (行 iii)，(列 iii)

$$A_3 = \begin{pmatrix} 1 & 0 & \cdots\cdots & 0 \\ 0 & & & \\ \cdots & & B & \\ \cdots & & & \\ 0 & & & \end{pmatrix}$$

⬇

$$\begin{pmatrix} 1 & 0 & 0 & \cdots & 0 \\ 0 & 1 & 0 & \cdots & 0 \\ 0 & 0 & & & \\ \cdots & \cdots & & C & \\ \cdots & \cdots & & & \\ 0 & 0 & & & \end{pmatrix}$$

⬇

$$\begin{pmatrix} 1 & & & 0 & \\ & 1 & & & O \\ & & \ddots & & \\ 0 & & 1 & & \\ & O & & & O \end{pmatrix}$$

$$A^* = \begin{pmatrix} E_r & O \\ O & O \end{pmatrix}$$

上簡単にしょうがない」

「B の成分に 0 でないものがあるときは，同様にして，B の $(1,1)$ 成分を 1 にし，第 1 行と第 1 列を裸にするのですね」

「こらいうことを繰り返せば，やがて，対角線上に左から 1 が並び，その他の成分がすべて 0 の行列になってしまう．これが行列を裸にした最後の姿」

「なんと，味けないヌード」

「数学のヌードとはこんなものだ．この妙味がわかるようでないと，数学は楽しめない」

「単位行列 E_r の部分がバストで，次数 r がサイズと思いなさい」

「このヌードに敬意を払いスターをつけて A^* で表そう．無粋な数学者は，これを標準的なヌードと標価したのか，標準形と名づけ愛用してる」

定理 22　行列 A は基本操作を行うことによって，標準形 A^* にかえることができる．ただし $E_0 = O$ と約束する．

$$A \longrightarrow \boxed{\text{基本操作}} \longrightarrow A^* = \begin{pmatrix} E_r & O \\ O & O \end{pmatrix}$$

「具体例によって実感を深めよう」

例 29　次の行列の標準形を求めよ．

(1) $\begin{pmatrix} 0 & 2 \\ 5 & 3 \end{pmatrix}$　(2) $\begin{pmatrix} 6 & -9 \\ -4 & 6 \end{pmatrix}$　(3) $\begin{pmatrix} 1 & 0 & 2 & 1 \\ 2 & 1 & 3 & 5 \\ 1 & -1 & 3 & -2 \end{pmatrix}$

解 (1) $\begin{pmatrix} 0 & 2 \\ 5 & 3 \end{pmatrix}$

↓ 第2行を5で割り，
第1行といれかえる．

$\begin{pmatrix} 1 & 0.6 \\ 0 & 2 \end{pmatrix}$

↓ 第1列の0.6倍を第2列からひく．
第2行を2でわる．

$\begin{pmatrix} 1 & 0 \\ 0 & 1 \end{pmatrix}$ 標準形

(2) $\begin{pmatrix} 6 & -9 \\ -4 & 6 \end{pmatrix}$

↓ 第1行を6でわる．
第2行を4でわる．

$\begin{pmatrix} 1 & -1.5 \\ -1 & 1.5 \end{pmatrix}$

↓ 第1行を第2行にたす．
第1列の1.5倍を第2列にたす．

$\begin{pmatrix} 1 & 0 \\ 0 & 0 \end{pmatrix}$ 標準形

(3) $\begin{pmatrix} 1 & 0 & 2 & 1 \\ 2 & 1 & 3 & 5 \\ 1 & -1 & 3 & -2 \end{pmatrix}$

↓ 第1行の2倍を第2行からひく．
第1行を第3行からひく．

$\begin{pmatrix} 1 & 0 & 2 & 1 \\ 0 & 1 & -1 & 3 \\ 0 & -1 & 1 & -3 \end{pmatrix}$

↓ 第1列の2倍を第3列からひく．
第1列を第4列からひく．

$\begin{pmatrix} 1 & 0 & 0 & 0 \\ 0 & 1 & -1 & 3 \\ 0 & -1 & 1 & -3 \end{pmatrix}$

↓ 第2行を第3行にたす．

$$\begin{pmatrix} 1 & 0 & 0 & 0 \\ 0 & 1 & -1 & 3 \\ 0 & 0 & 0 & 0 \end{pmatrix}$$

第2列を第3列にたす.
第2列の3倍を第4列からひく.

↓

$$\begin{pmatrix} 1 & 0 & 0 & 0 \\ 0 & 1 & 0 & 0 \\ 0 & 0 & 0 & 0 \end{pmatrix}$$

標準形

3　基本操作を表す行列

「標準形の導き方は1通りでない，基本操作の用い方によるから……それなのに標準形は1つですか」

「求め方によって標準形は変るのではないか，ということ？」

「そう，変らないような気はするのですが」

「当然の疑問．しかし，それに答えるのはやさしくない．予備知識が必要でね」

「どんな予備知識？」

「基本操作を行列の乗法で表すこと．それを1つ1つ解明したい．具体例で探りながら」

×　　　　　　　×

基本操作（i）を表す行列

「たとえば，次の行列 A の左から行列 P をかけてごらん」

$$P = \begin{pmatrix} 0 & 1 & 0 \\ 1 & 0 & 0 \\ 0 & 0 & 1 \end{pmatrix} \quad A = \begin{pmatrix} a_1 & a_2 & a_3 \\ b_1 & b_2 & b_3 \\ c_1 & c_2 & c_3 \end{pmatrix}$$

「たやすいこと.

$$PA = \begin{pmatrix} 0 & 1 & 0 \\ 1 & 0 & 0 \\ 0 & 0 & 1 \end{pmatrix} \begin{pmatrix} a_1 & a_2 & a_3 \\ b_1 & b_2 & b_2 \\ c_1 & c_2 & c_3 \end{pmatrix} = \begin{pmatrix} b_1 & b_2 & b_3 \\ a_1 & a_2 & a_2 \\ c_1 & c_2 & c_3 \end{pmatrix}$$

おや. 第1行と第2行がいれかわった. この行列 P…… 何から気付いたのです. 犬も歩けば棒に当たる?」

「失礼なことをいうではない. 僕が, そんな不経済な探し方をするはずないですよ. A の行ベクトルを上から a, b, c とし, PA の行ベクトルを上から順に a', b', c' とおき, 行列で表してみれば, P はおのずから求まるのだ.

$$\begin{cases} a' = b = 0 \cdot a + 1 \cdot b + 0 \cdot c \\ b' = a = 1 \cdot a + 0 \cdot b + 0 \cdot c \\ c' = c = 0 \cdot a + 0 \cdot b + 1 \cdot c \end{cases} \text{から} \begin{pmatrix} a' \\ b' \\ c' \end{pmatrix} = \begin{pmatrix} 0 & 1 & 0 \\ 1 & 0 & 0 \\ 0 & 0 & 1 \end{pmatrix} \begin{pmatrix} a \\ b \\ c \end{pmatrix}$$

どう. 鮮かでしょう」

「P を A の右からかけた場合が気になる.

$$AP = \begin{pmatrix} a_1 & a_2 & a_3 \\ b_1 & b_2 & b_3 \\ c_1 & c_2 & c_3 \end{pmatrix} \begin{pmatrix} 0 & 1 & 0 \\ 1 & 0 & 0 \\ 0 & 0 & 1 \end{pmatrix} = \begin{pmatrix} a_2 & a_1 & a_3 \\ b_2 & b_1 & b_3 \\ c_2 & c_1 & c_3 \end{pmatrix}$$

こんどは第1列と第2列がいれかわった」

「一般化しておこう」

定理 23 次の P_{ij} を, 行列の左からかけると第 i 行と第 j 行がいれかわり, 右からかけると第 i 列と第 j 列がいれかわる.

$$P_{ij} = \begin{pmatrix} 1 & & & & & \\ & \ddots & \vdots & & \vdots & & O \\ & & 0 & \cdots & 1 & \cdots\cdots \\ & & \vdots & & \vdots & \\ & & 1 & \cdots & 0 & \cdots\cdots \\ & O & & & & \ddots & \\ & & & & & & 1 \end{pmatrix} \begin{matrix} \\ (i) \\ \\ (j) \\ \\ \end{matrix}$$

（P_{ij} は，単位行列の第 i 行と第 j 行をいれかえたもの．第 i 列と第 j 列をいれかえたものとみてもよい.）

（行列）$\xrightarrow[\substack{\text{第 } i \text{ 行と第 } j \text{ 行} \\ \text{がいれかわる.}}]{P_{ij}\times}$（新行列）　（行列）$\xrightarrow[\substack{\text{第 } i \text{ 列と第 } j \text{ 列} \\ \text{がいれかわる.}}]{\times P_{ij}}$（新行列）

×　　　　　　　×

基本操作（ii）を表す行列

「行列の 1 つの行または列を λ 倍する基本操作を表す行列はどうなるか」

「こんどは自信がある．求め方を知ったから……．先の行列で第 2 行を λ 倍したとすると

$$\begin{cases} a' = a = 1 \cdot a + 0 \cdot b + 0 \cdot c \\ b' = \lambda b = 0 \cdot a + \lambda \cdot b + 0 \cdot c \\ c' = c = 0 \cdot a + 0 \cdot b + 1 \cdot c \end{cases}$$

から

$$\begin{pmatrix} a' \\ b' \\ c' \end{pmatrix} = \begin{pmatrix} 1 & 0 & 0 \\ 0 & \lambda & 0 \\ 0 & 0 & 1 \end{pmatrix} \begin{pmatrix} a \\ b \\ c \end{pmatrix}$$

求める行列は対角行列です．

$$Q = \begin{pmatrix} 1 & 0 & 0 \\ 0 & \lambda & 0 \\ 0 & 0 & 1 \end{pmatrix}$$

これを A の左からかけると，第2行が入倍になる．右からかけたときは，きっと第2列が λ 倍になるだろう.

$$AQ = \begin{pmatrix} a_1 & a_2 & a_3 \\ b_1 & b_2 & b_3 \\ c_1 & c_2 & c_3 \end{pmatrix}\begin{pmatrix} 1 & 0 & 0 \\ 0 & \lambda & 0 \\ 0 & 0 & 1 \end{pmatrix} = \begin{pmatrix} a_1 & \lambda a_2 & a_3 \\ b_1 & \lambda b_2 & b_3 \\ c_1 & \lambda c_2 & c_3 \end{pmatrix}$$

予想どおり」

「これで，一般化のめどがついた」

定理 24　次の $Q_i(\lambda)$ を行列の左からかけると第 i 行が λ 倍になり，右からかけると第 i 列が λ 倍になる.

$$Q_i(\lambda) = \begin{pmatrix} 1 & & & \vdots & & \\ & \ddots & 1 & \vdots & O & \\ & & & \lambda \cdots\cdots & & \\ & & & \vdots & 1 & \\ & O & & \vdots & & \ddots \\ & & & & & 1 \end{pmatrix}$$

（$Q_i(\lambda)$ は，単位行列の第 i 行に λ をかけたもの．第 i 列に λ をかけたものとみてもよい.）

（行列）$\xrightarrow[\text{第 }i\text{ 行を }\lambda\text{ 倍}]{Q_i(\lambda)\times}$（新行列）　（行列）$\xrightarrow[\text{第 }i\text{ 列を }\lambda\text{ 倍}]{\times Q_i(\lambda)}$（新行列）

基本操作（iii）を表す行列

「行列の1つの行または列の λ 倍を他の行または列に加える基本操作……これ行列で表したい」

「自信あり．まかせて下さい．先の行列 A で，第3行の λ 倍を第

1行にたしたとすると

$$
\begin{cases}
\boldsymbol{a}' = \boldsymbol{a} + \lambda\boldsymbol{c} = 1\cdot\boldsymbol{a} + 0\cdot\boldsymbol{b} + \lambda\boldsymbol{c} \\
\boldsymbol{b}' = \boldsymbol{b} \qquad\ = 0\cdot\boldsymbol{a} + 1\cdot\boldsymbol{b} + 0\cdot\boldsymbol{c} \\
\boldsymbol{c}' = \boldsymbol{c} \qquad\ = 0\cdot\boldsymbol{a} + 0\cdot\boldsymbol{b} + 1\cdot\boldsymbol{c}
\end{cases}
\quad \therefore
\begin{pmatrix} \boldsymbol{a}' \\ \boldsymbol{b}' \\ \boldsymbol{c}' \end{pmatrix}
=
\begin{pmatrix} 1 & 0 & \lambda \\ 0 & 1 & 0 \\ 0 & 0 & 1 \end{pmatrix}
\begin{pmatrix} \boldsymbol{a} \\ \boldsymbol{b} \\ \boldsymbol{c} \end{pmatrix}
$$

求める行列は，これです.

$$
R = \begin{pmatrix} 1 & 0 & \lambda \\ 0 & 1 & 0 \\ 0 & 0 & 1 \end{pmatrix}
$$

R を A の左からかけると，第3行の λ 倍が第1行に加えられる. 右からかけたときは……第3列の λ 倍を第1列にたす……となるはず.

$$
AR = \begin{pmatrix} a_1 & a_2 & a_3 \\ b_1 & b_2 & b_3 \\ c_1 & c_2 & c_3 \end{pmatrix}
\begin{pmatrix} 1 & 0 & \lambda \\ 0 & 1 & 0 \\ 0 & 0 & 1 \end{pmatrix}
=
\begin{pmatrix} a_1 & a_2 & \lambda a_1 + a_3 \\ b_1 & b_2 & \lambda b_1 + b_3 \\ c_1 & c_2 & \lambda c_1 + c_3 \end{pmatrix}
$$

おや，予想がはずれた. 第1列の λ 倍を第3列にたすになった」

　「直観は発見の母なる大地，なんて賛美していると裏切られる. 直観は女性のようなもので，魅力的ではあるが，気まぐれなんですよ. 実証による監視を忘れないように……」

　「どうしてこうなるのでしょう」

　「列の操作は行の操作の転置になるからだ.

$$
A' = RA \quad \text{すなわち}
\begin{pmatrix} \boldsymbol{a}' \\ \boldsymbol{b}' \\ \boldsymbol{c}' \end{pmatrix}
=
\begin{pmatrix} 1 & 0 & \lambda \\ 0 & 1 & 0 \\ 0 & 0 & 1 \end{pmatrix}
\begin{pmatrix} \boldsymbol{a} \\ \boldsymbol{b} \\ \boldsymbol{c} \end{pmatrix}
$$

の両辺に転置を行ってごらん」

「$^tA' = {}^t(RA) = {}^tA\,{}^tR$ だから

$$({}^ta'\ {}^tb'\ {}^tc') = ({}^ta\ {}^tb\ {}^tc)\begin{pmatrix} 1 & 0 & 0 \\ 0 & 1 & 0 \\ \lambda & 0 & 1 \end{pmatrix}$$

となる．第3列の λ 倍を第1列にたすには ^tR を右からかけなければならない，それなのに，僕は R を右からかけた」

「転置の効用……身にこたえたでしょう．一般化で知識を整理しておきたい」

定理 25 次の $R_{ij}(\lambda)$ を行列の左からかけると第 j 行の λ 倍が第 i 行に加わり，右からかけると第 i 列の λ 倍が第 j 列に加わる．

$$R_{ij}(\lambda)=\begin{pmatrix} 1 & & & & & & O \\ & \ddots & & & & & \\ & & 1 & \cdots & \lambda & \cdots & \\ & & & \ddots & \vdots & & \\ & & & & 1 & \cdots & \\ O & & & & & \ddots & \\ & & & & & & 0 \end{pmatrix}\begin{matrix} \\ \\ (i) \\ \\ (j) \\ \\ \\ \end{matrix}$$

$(R_{ij}(\lambda)$ は，単位行列の第 j 行の λ 倍を第 i 行にたしたもの．第 i 列の λ 倍を第 j 列にたしたもの とみてもよい．$)$

$$(行列) \xrightarrow{\ R_{ij}(\lambda)\times\ } (新行列)\qquad (行列) \xrightarrow{\ \times R_{ij}(\lambda)\ } (新行列)$$

第 j 行の λ 倍を第 i 行にたす．　　第 i 列の λ 倍を第 j 列にたす．

「行列の基本操作を表す行列をふつう**基本行列**というのです．この行列には，もっと知りたいことがある．しかし，足もとを固めることもたいせつです．基本行列を作る練習をしておこう」

例 30　A を右の行列とする.

(1)　A の第 1 行の λ 倍を第 2 行にたす基本行列を求めよ.

$$A = \begin{pmatrix} a_1 & a_2 & a_3 & a_4 \\ b_1 & b_2 & b_3 & b_4 \end{pmatrix}$$

(2)　A の第 2 列の λ 倍を第 4 列にたす基本行列を求めよ.

解　(1)　2 次の単位行列で, 第 1 行の λ 倍を第 2 行にたしたもの.

$$R_{21}(\lambda) = \begin{pmatrix} 1 & 0 \\ \lambda & 1 \end{pmatrix}$$

(2)　4 次の単位行列の第 2 列の λ 倍を第 4 列にたしたもの.

$$R_{24}(\lambda) = \begin{pmatrix} 1 & 0 & 0 & 0 \\ 0 & 1 & 0 & \lambda \\ 0 & 0 & 1 & 0 \\ 0 & 0 & 0 & 1 \end{pmatrix}$$

×　　　　　×

「λ をかく位置を誤りがち. 実際にかけてみて答を確める習慣をつけたい」

「いわれるまでもない.

$$\begin{pmatrix} 1 & 0 \\ \lambda & 1 \end{pmatrix} \begin{pmatrix} a_1 & a_2 & a_3 & a_4 \\ b_1 & b_2 & b_3 & b_4 \end{pmatrix}$$

$$= \begin{pmatrix} a_1 & a_2 & a_3 & a_4 \\ \lambda a_1 + b_1 & \lambda a_2 + b_1 & \lambda a_3 + b_3 & \lambda a_4 + b_4 \end{pmatrix}$$

$$\begin{pmatrix} a_1 & a_2 & a_3 & a_4 \\ b_1 & b_2 & b_3 & b_4 \end{pmatrix} \begin{pmatrix} 1 & 0 & 0 & 0 \\ 0 & 1 & 0 & \lambda \\ 0 & 0 & 1 & 0 \\ 0 & 0 & 0 & 1 \end{pmatrix}$$

$$= \begin{pmatrix} a_1 & a_2 & a_3 & \lambda a_2 + a_4 \\ b_1 & b_2 & b_3 & \lambda b_2 + b_4 \end{pmatrix}$$

手答えがあった」

「その手答えがたいせつ. ふところ手ではわからない手答え」

4 基本行列の逆行列と転置

「基本行列で，次に知っておくべきことは？」

「正則であること．この行列が理論や応用から引き手あまたなのは正則なためでもある」

定理 26 基本行列はすべて正則で，逆行列もそれぞれ同種の基本行列である．くわしくは

P_{ij} の逆行列は P_{ij} 自身

$Q_i(\lambda)$ の逆行列は $Q_i(\lambda^{-1})$ （$\lambda \neq 0$）

$R_{ij}(\lambda)$ の逆行列は $R_{ij}(-\lambda)$

「操作によれば実体がすなおにつかめる．2つの行をいれかえる操作は，2度くりかえせばもとに戻るから $P_{ij}P_{ij} = E$，よって P_{ij} は正則で，逆行列は P_{ij} 自身である．

第 i 行を λ 倍し，次に λ^{-1} 倍すればもとに戻るから

$$Q_i(\lambda^{-1})Q_i(\lambda) = E$$

λ を λ^{-1} で置きかえて

$$Q_i(\lambda)Q_i(\lambda^{-1}) = E$$

よって，$Q_i(\lambda)$ は正則で，逆行列は $Q_i(\lambda^{-1})$ である．

第 j 行の λ 倍を第 i 行にたす．次に第 j 行の $-\lambda$ 倍を第 i 行にたせばもとに戻るから

$$R_{ij}(-\lambda)R_{ij}(\lambda) = E$$

λ を $-\lambda$ で置きかえて

$$R_{ij}(\lambda)R_{ij}(-\lambda) = E$$

よって，$R_{ij}(\lambda)$ は正則で，逆行列は $R_{ij}(-\lambda)$ である．実に簡単でしょう」

「僕はどうも，操作よりは形のあるモノでないと……」

「それなら，実際に，かけ合せてみるとよい．たとえば

$$P_{12} = \begin{pmatrix} 0 & 1 \\ 1 & 0 \end{pmatrix} \quad Q_2(\lambda) = \begin{pmatrix} 1 & 0 \\ 0 & \lambda \end{pmatrix} \quad R_{12}(\lambda) = \begin{pmatrix} 1 & \lambda \\ 0 & 1 \end{pmatrix}$$

2 次のものでも十分手答えがあろう」

$$\text{「}P_{12}P_{12} = \begin{pmatrix} 0 & 1 \\ 1 & 0 \end{pmatrix} \begin{pmatrix} 0 & 1 \\ 1 & 0 \end{pmatrix} = \begin{pmatrix} 1 & 0 \\ 0 & 1 \end{pmatrix} = E$$

$$Q_2\left(\lambda^{-1}\right)(Q_2)(\lambda) = \begin{pmatrix} 1 & 0 \\ 0 & \lambda^{-1} \end{pmatrix} \begin{pmatrix} 1 & 0 \\ 0 & \lambda \end{pmatrix} = \begin{pmatrix} 1 & 0 \\ 0 & 1 \end{pmatrix} = E$$

$$R_{12}(-\lambda)R_{12}(\lambda) = \begin{pmatrix} 1 & -\lambda \\ 0 & 1 \end{pmatrix} \begin{pmatrix} 1 & \lambda \\ 0 & 1 \end{pmatrix} = \begin{pmatrix} 1 & 0 \\ 0 & 1 \end{pmatrix} = E$$

僕には，このほうが具象的イメージ」

「操作も具象的に浮ぶようになってほしいね」

×　　　　　　　　　　×

「次に基本行列に転置を行ってみよう，正方行列に転置を行えば，すべての成分は主対角線に関して対称の位置にうつる．したがって，対称行列は転置によって変らない．さて基本行列のうち対称なものは？」

「いれかえと……それから行か列の1つを何倍かするもの」

「その転置行列は変らないから，もとの基本操作を表す．

$$^tP_{ij} = P_{ij} \quad ^tQ_i(\lambda) = Q_i(\lambda)$$

残りの１つ……第 j 行の λ 倍を第 i 行に加える行列はどうか」

$$R_{ij}(\lambda) = \begin{array}{c} \\ i \\ \\ \\ \\ \end{array}\left(\begin{array}{ccccc} \ddots & & & \vdots & \\ \cdots & 1 & \cdots & \lambda & \\ & & \ddots & \vdots & \\ & & & 1 & \\ & & & & \ddots \end{array}\right)\begin{array}{c} j \\ \\ \\ \\ \\ \end{array}$$

「λ が対称の位置にうつる」

「i,j がいれかわって $R_{ij}(\lambda)$ は $R_{ji}(\lambda)$ にかわるのです」

$$^tR_{ij}(\lambda) = R_{ji}(\lambda) = \begin{array}{c} \\ \\ \\ j \\ \\ \end{array}\left(\begin{array}{ccccc} \ddots & \vdots & & & \\ & 1 & & & \\ & \vdots & \ddots & & \\ \cdots & \lambda & \cdots & 1 & \\ & & & & \ddots \end{array}\right)\begin{array}{c} i \\ \\ \\ \\ \\ \end{array}$$

「これも基本操作ですね」

「もちろん．第 i 行の λ 倍を第 j 行に加える操作です．i と j がいれかわったことに注意してほしい」

定理 27 基本行列に転置を行ったものも基本行列であり，したがって基本操作を表す．

$$^tP_{ij} = P_{ij} \quad ^tQ_i(\lambda) = Q_i(\lambda) \quad ^tR_{ij}(\lambda) = R_{ji}(\lambda)$$

---

5 置換とその行列

「いれかえを繰り返し行うことを総括すると，どんな操作になる

か調べてみたい．たとえば，行が3つの行列で，第1行と第2行をいれかえ，次に第1行と第3行をいれかえてみる」

$$1 \longleftarrow 2 \longrightarrow 3 \qquad 1 \longrightarrow 3$$
$$2 \longrightarrow 1 \longrightarrow 1 \; \blacktriangleright \; 2 \longrightarrow 1$$
$$3 \longrightarrow 3 \longrightarrow 2 \qquad 3 \longrightarrow 2$$

「第1, 2, 3行をそれぞれ第3, 1, 2行にかえることになった」

「このような操作を**置換**というのです．この置換を表す行列を求めるのが次の課題」

「それはやさしい，2つのいれかえの行列の積を求めればよい．

$$\begin{pmatrix} 0 & 0 & 1 \\ 0 & 1 & 0 \\ 1 & 0 & 0 \end{pmatrix} \begin{pmatrix} 0 & 1 & 0 \\ 1 & 0 & 0 \\ 0 & 0 & 1 \end{pmatrix} = \begin{pmatrix} 0 & 0 & 1 \\ 1 & 0 & 0 \\ 0 & 1 & 0 \end{pmatrix}$$

第1, 3行の　　　第1, 2行の　　　　第1, 2, 3行をそれぞれ
いれかえ　　　　いれかえ　　　　　第3, 1, 2行で置きかえる

しかし，置換の行列を，こんな方法で求めるのはやっかいですね．簡単な方法はないのですか」

「頭の使いよう．たとえば，次の積を求めてごらん」

第2行は
第4列の　▶
成分が1

$$\begin{pmatrix} \cdots \\ 0 & 0 & 0 & 1 & 0 \\ \cdots \\ \cdots \\ \cdots \end{pmatrix} \begin{pmatrix} a_1 & b_1 \\ a_2 & b_2 \\ a_3 & b_2 \\ a_4 & b_4 \\ a_5 & b_5 \end{pmatrix} = \begin{pmatrix} \cdots \\ a_4 & b_4 \\ \cdots \\ \cdots \\ \cdots \end{pmatrix}$$

◀第2行が第4行
で置きかえられ
た．

「第2行が第4行によって置きかえられた」

「左からかけた行列は，第2行の第4列の成分のみが1で，その他はすべて0ですよ」

「なるほど．これは有力な手がかりですね」

「その手がかりによって第1, 2, 3, 4, 5行をそれぞれ第4, 1, 5, 3, 2行にかえる置換行列を作るのはやさしい．

116

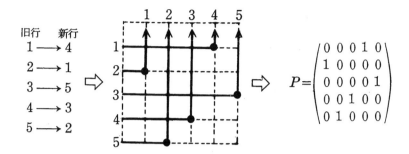

この図がすべてを物語っている. 分りますか」

「これが分らないようでは僕は失格……赤丸のところが1で, その他はすべて0の行列を作る. 置換の行列が, こんな簡単な方法でできるとは驚きです」

「いまのは行の置換であった. 列の置換も全く同じこと.

$$\begin{pmatrix} a_1 & a_2 & a_3 & a_4 & a_5 \\ b_1 & b_2 & b_3 & b_4 & b_5 \end{pmatrix} \begin{pmatrix} \vdots & 0 & 0 & \vdots & \vdots \\ \vdots & 0 & \vdots & \vdots & \vdots \\ \vdots & 0 & \vdots & \vdots & \vdots \\ \vdots & 1 & \vdots & \vdots & \vdots \\ \vdots & 0 & \vdots & \vdots & \vdots \end{pmatrix} = \begin{pmatrix} \vdots & a_4 & \vdots & \vdots & \vdots \\ \vdots & b_4 & \vdots & \vdots & \vdots \end{pmatrix}$$

第2列は第4行の
成分のみが1

第2列が第4列によって置きかえられた

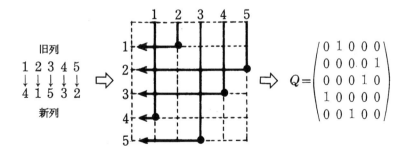

この Q を右からかけると第 1, 2, 3, 4, 5 列はそれぞれ第 4, 1, 5, 3, 2 列によって置きかえられる．最後の仕上げは P と Q の関係を探ること．2 つの行列をくらべてごらん」

「分った．Q は P 転置を行ったもの」

「そこで，次の定理へ」

定理 28　行と列に対して，同じ置換を行う行列をそれぞれ P, Q とすると ${}^t P = Q, {}^t Q = P$ である．

（**証明**）P を m 次の行列，M を (m, n) 型の行列とし

$$PM = N$$

両辺に転置を行うと

$${}^t(PM) = {}^t N \qquad \therefore \quad {}^t M {}^t P = {}^t N$$

M の行に置換 P を行ったものが N である．その置換を ${}^t M$ の列に行ったものが ${}^t N$ になる．したがって ${}^t P = Q$，両辺に転置を行うと

$${}^t({}^t P) = {}^t Q \quad \therefore P = {}^t Q$$

練習問題—4

25　次の行列の標準形を求めよ．

$$(1) \begin{pmatrix} 1 & 1 & 3 \\ 5 & 2 & 6 \\ -2 & -1 & -3 \\ 3 & 1 & 3 \end{pmatrix} \qquad (2) \begin{pmatrix} 0 & 2 & 3 & 3 & -1 \\ -2 & 0 & 4 & 2 & 1 \\ -3 & -4 & 0 & -3 & 2 \end{pmatrix}$$

26 基本行列 $Q_i(\lambda), R_{ij}(\lambda)K$ ついて，次の右辺を完成せよ．

(1) $Q_i(\lambda) \cdot Q_i(\mu) = Q_i(\ \ )$

(2) $R_{ij}(\lambda) \cdot R_{ij}(\mu) = R_{ij}(\ \ )$

27 M を $(3,4)$ 型の行列とする．

(1) M の第 1,2,3 行をそれぞれ第 2,3,1 行で置きかえる行列を求めよ．

(2) M の第 1,2,3,4 列をとれぞれ第 3,1,4,2 列で置きかえる行列を求めよ．

28 P が置換行列のとき，$({}^tP)^{-1}, {}^t(P^{-1})$ は P に等しいことを示せ．

29 次の基本行列の積 ABC を求めよ．

$$A = \begin{pmatrix} 1 & a & 0 \\ 0 & 1 & 0 \\ 0 & 0 & 1 \end{pmatrix} \quad B = \begin{pmatrix} 1 & 0 & b \\ 0 & 1 & 0 \\ 0 & 0 & 1 \end{pmatrix} \quad C = \begin{pmatrix} 1 & 0 & 0 \\ 0 & 1 & c \\ 0 & 0 & 1 \end{pmatrix}$$

30 正方行列 A の標準形を A^* とする．

(1) A^* は巾等行列，すなわち $(A^*)^2 = A^*$ をみたすことを示せ．

(2) A は次の積の形で表されることを示せ．

正則行列 × 巾等行列　　　巾等行列 × 正則行列

§5. 正則の条件

1 正則の条件

「正方行列 A が正則であることは，定義によれば，2つの等式

$$AX = E, XA = E$$

をともにみたす行列 X があることであった．ところが……」

「ところが，どうなのです」

「A が2次の場合には，どちらか一方があればよかった．それで一般に……予想するのが自然です」

「$AX = E$ をみたす X があれば，A は正則になる？」

「そう．$YA = E$ についても同じ」

「有難い定理ですね．その理由を早く知りたい」

「いまなら証明が可能……標準形がものをいうのです．A が正則であることは，その標準形が単位行列であることと同値なのだ．それを次に明かにする前に，石橋をたたく気持で，次の例を済しておきたい」

例31 次の行列 A を標準形 A^* にかえるには，A の右左からどんな基本行列をかければよいか．その一例を示せ．

(1) $A = \begin{pmatrix} 0 & 3 \\ 0 & 5 \end{pmatrix}$ (2) $A = \begin{pmatrix} 0 & 2 \\ 1 & 3 \end{pmatrix}$

解（1）第1列と第2列をいれかえる．

$$AT_1 = \begin{pmatrix} 0 & 3 \\ 0 & 5 \end{pmatrix} \begin{pmatrix} 0 & 1 \\ 1 & 0 \end{pmatrix} = \begin{pmatrix} 3 & 0 \\ 5 & 0 \end{pmatrix} = A_1$$

第1行を3でわる．

$$S_1 A_1 = \begin{pmatrix} 3^{-1} & 0 \\ 0 & 1 \end{pmatrix} \begin{pmatrix} 3 & 0 \\ 5 & 0 \end{pmatrix} = \begin{pmatrix} 1 & 0 \\ 5 & 0 \end{pmatrix} = A_2$$

第2行に第1行の −5 倍をたす.

$$S_2 A_2 = \begin{pmatrix} 1 & 0 \\ -5 & 1 \end{pmatrix} \begin{pmatrix} 1 & 0 \\ 5 & 0 \end{pmatrix} = \begin{pmatrix} 1 & 0 \\ 0 & 0 \end{pmatrix} = A^*$$

以上の3式から A_2, A_1 を順に消去すると

$$A^* = S_2 A_2 = S_2 S_1 A_1 = S_2 S_1 A T_1$$

すなわち

$$\therefore \begin{pmatrix} 1 & 0 \\ -5 & 1 \end{pmatrix} \begin{pmatrix} 3^{-1} & 0 \\ 0 & 1 \end{pmatrix} A \begin{pmatrix} 0 & 1 \\ 1 & 0 \end{pmatrix} = A^* \qquad \text{①}$$

(2) 第1行と第2行をいれかえる.

$$S_1 A = \begin{pmatrix} 0 & 1 \\ 1 & 0 \end{pmatrix} \begin{pmatrix} 0 & 2 \\ 1 & 3 \end{pmatrix} = \begin{pmatrix} 1 & 3 \\ 0 & 2 \end{pmatrix} = A_1$$

第2行を2でわる.

$$S_2 A_1 = \begin{pmatrix} 1 & 0 \\ 0 & 2^{-1} \end{pmatrix} \begin{pmatrix} 1 & 3 \\ 0 & 2 \end{pmatrix} = \begin{pmatrix} 1 & 3 \\ 0 & 1 \end{pmatrix} = A_2$$

第1行に第2行の −3 倍をたす.

$$S_3 A_2 = \begin{pmatrix} 1 & -3 \\ 0 & 1 \end{pmatrix} \begin{pmatrix} 1 & 3 \\ 0 & 1 \end{pmatrix} = \begin{pmatrix} 1 & 0 \\ 0 & 1 \end{pmatrix} = A^*$$

以上の3式から A_2, A_1 を順に消去すると

$$A^* = S_3 A_2 = S_3 S_2 A_1 = S_3 S_2 S_1 A$$

すなわち

$$\begin{pmatrix} 1 & -3 \\ 0 & 1 \end{pmatrix} \begin{pmatrix} 1 & 0 \\ 0 & 2^{-1} \end{pmatrix} \begin{pmatrix} 0 & 1 \\ 1 & 0 \end{pmatrix} A = A^* \qquad \text{②}$$

×   ×

「この例題から何を知り，何を予想するか」
「A の左右から基本行列をいくつかかければ標準形になる」

$$（基本行列の積）\, A\,（基本行列の積）= A^{**}$$

「それだけか．第 1 ヒント……基本行列は正則であった」
「わかった．正則行列の積は正則……」

$$（基本行列の積）\, A\,（基本行列の積）= A^{*}$$
$$\quad\quad\uparrow\quad\quad\quad\quad\quad\quad\uparrow$$
$$\quad\quad\text{正則}\quad\quad\quad\quad\quad\text{正則}$$

「まだ，ある．第 2 ヒント……基本行列の逆行列も基本行列……無理かな．では第 3 ヒント……例題の①，②は A について解くこと可能」
「①から

$$A = \begin{pmatrix} 3^{-1} & 0 \\ 0 & 1 \end{pmatrix}^{-1} \begin{pmatrix} 1 & 0 \\ -5 & 1 \end{pmatrix}^{-1} A * \begin{pmatrix} 0 & 1 \\ 1 & 0 \end{pmatrix}^{-1}$$

$$A = \begin{pmatrix} 3 & 0 \\ 0 & 1 \end{pmatrix} \begin{pmatrix} 1 & 0 \\ 5 & 1 \end{pmatrix} A * \begin{pmatrix} 0 & 1 \\ 1 & 0 \end{pmatrix} \qquad ③$$

②から

$$A = \begin{pmatrix} 0 & 1 \\ 1 & 0 \end{pmatrix}^{-1} \begin{pmatrix} 1 & 0 \\ 0 & 2^{-1} \end{pmatrix}^{-1} \begin{pmatrix} 1 & -3 \\ 0 & 1 \end{pmatrix}^{-1} A^{*}$$

$$A = \begin{pmatrix} 0 & 1 \\ 1 & 0 \end{pmatrix} \begin{pmatrix} 1 & 0 \\ 0 & 2 \end{pmatrix} \begin{pmatrix} 1 & 3 \\ 0 & 1 \end{pmatrix} A^{*} \qquad ④$$

ようやくわかった．標準形の左右から基本行列をいくつかかければ，もとの行列 A になる」

$$（基本行列の積）A^* （基本行列の積）= A$$

　　　　　↑　　　　　　　　　↑
　　　　正則　　　　　　　　正則

「わかってほしいのが，もう１つある．例題の②をごらん．A の右からは基本行列をかけずに済んだ」

「①はそれができない．第１列と第２列のいれかえを省けないから……②だけが，なぜそうなるのか」

「それは，実は，②の A は正則なためです．④をとくとごらん．この式の A^* は単位行列だから

$$A = \begin{pmatrix} 0 & 1 \\ 1 & 0 \end{pmatrix} \begin{pmatrix} 1 & 0 \\ 0 & 2 \end{pmatrix} \begin{pmatrix} 1 & 3 \\ 0 & 1 \end{pmatrix}$$

となって，A は基本行列のみの積で表される．これが正則行列の特徴です．一般化して定理へ」

定理 29　次の４つの命題はどれも正方行列 A が正則であるための必要十分条件である．ただし E は A と次数の等しい単位行列である．

（ⅰ）$AX = E$ をみたす正方行列 X がある．

（ⅱ）$YA = E$ をみたす正方行列 Y がある．

（ⅲ）A の標準形は単位行列 E である．

（ⅳ）A は基本行列のみの積で表される．

「A は正則であることは定義によると

（0）$AX = E, XA = E$ をともにみたす正方行列 X がある．それで，定理を証明するには，次のことを示せばよい」

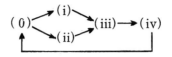

「それで，同値を証明したことになるのですか」

「いま頃，そんな質問とは情ない．矢線がグルグル回るように
なっているでしょう．こういうのをループというのだ．ループにな
れば，その中の命題はすべて同値ですよ」

「それがよくわからない」

「では，一例として（ii）と（iii）をみよう．（ii）──→（iii）は
図からズバリ．次は（iii）から矢線の示すままにすすむと（iii）→
（iv）→ (0) →（ii）となって（ii）に達するから（iii）→（ii）も
明らか」

「なるほど（ii）⇄（iii）で（ii）と（iii）は同値」

「そのほかの場合も同じ」

「でも（i）と（ii）は不安です」

「手のやける御人．(0) ⇄（i），(0)⇄（ii）がわかっても，君は
（i）⇄（ii）を疑らのかね」

「まいった．僕は，どうしてこうなのかなー」

「証明は6つあるが，そのうち (0) →（i），(0) →（ii）は自明だ
から省いてよい」

「ホントに自明？」

「そうはじまった．愚問の連発．$AX = E$ と $XA = E$ をともにみ
たす X があれば，その一方をみたす X があるのは当然でしょうが」

「失礼，以後注意します」

「それから（i）→（iii）と（ii）→（iii）は似ているから，一方
を示せば他は同様にでよい．結局，証明することは（i）→（iii），
（iii）→（iv），（iv）→ (0) の3つに絞られた」

「3つなら気が楽です」

（証明）　（ⅰ）⇒（ⅲ）の証明

$AX = E$ をみたす X があるとして，A の標準形 A^* が単位行列に
なることを示したい．それには A^* が単位行列でないとすると矛盾
に達することを示せばよい．

行列 A に対して $A = SA*T$ をみたす正則行列 S,T がある．これ
を $AX = E$ に代入すると

$$SA*TX = E$$

両辺の左側から S^{-1}，右側から S をかけて

$$A^*TXS = S^{-1}ES$$

$S^{-1}ES$ は E に等しいから

$$A*TXS = E$$

A を n 次行列とする．標準形 A^* がもし単位行列でないとすると

$$A^* = \begin{pmatrix} E_r & O \\ O & O \end{pmatrix} (r < n)$$

とおくことができる．TXS, E を上の行列と同じ型に区分し

$$\begin{pmatrix} E_r & O \\ O & O \end{pmatrix} \begin{pmatrix} B_{11} & B_{12} \\ B_{21} & B_{22} \end{pmatrix} = \begin{pmatrix} E_r & O \\ O & E_{n-r} \end{pmatrix}$$

とおく．左辺を計算すると

$$\begin{pmatrix} B_{11} & B_{12} \\ O & O \end{pmatrix} = \begin{pmatrix} E_r & O \\ O & E_{n-r} \end{pmatrix}$$

$$\therefore \quad O = E_{n-r}$$

これは矛盾．したがって $r = n$，すなわち A^* は単位行列である．

（ⅲ）⇒（ⅳ）の証明

A の標準形 A^* が単位行列であったとすると

$$S_h \cdots\cdots S_2 S_1 A T_1 T_2 \cdots\cdots T_k = A^* = E$$

基本行列 S_i, T_i は正則だから上の式を A について解いて

$$A = S_1^{-1} S_2^{-1} \cdots\cdots S_h^{-1} T_k^{-1} \cdots\cdots T_2^{-1} T_1^{-1} \qquad ①$$

S_i, T_i が基本行列ならば，S_i^{-1}, T_i^{-1} も基本行列で，A はこれらの積である．

（iv）$\Rightarrow$ (0) の証明

基本行列は正則で，その積も正則だから①の右辺は正則，したがって A は正則である．

定理 30 A が正則ならば，行の基本操作のみ，または列の基本操作のみで，単位行列にかえることができる．

（証明） 前の定理の（iv）により $A = S_1 S_2 \cdots\cdots S_r$（$S_i$ は基本行列）

$$\therefore \quad S_r^{-1} \cdots\cdots S_2^{-1} S_1^{-1} A = E$$
$$A S_r^{-1} \cdots\cdots S_2^{-1} S_1^{-1} = E$$

S_i^{-1} は基本行列であるから証明された．

2　逆行列の求め方

「前の定理から，逆行列を求める便法が導かれる」

定理 31 A が正則のとき，A を E にかえる行の基本操作を，E に順に行えば，A の逆行列 A^{-1} が得られる．列についても同じ．

（証明） $S_r \cdots\cdots S_2 S_1 A = E$ とすると $S_r \cdots\cdots S_2 S_1 = A^{-1}$

$$\therefore \quad S_r \cdots\cdots S_2 S_1 E = A^{-1}$$

また $A T_1 T_2 \cdots\cdots T_t = E$ とすると $T_1 T_2 \cdots\cdots T_r = A^{-1}$

$$\therefore \quad E T_1 T_2 \cdots\cdots T_t = A^{-1}$$

例 32　次の行列 A の逆行列を求めよ.

$$A = \begin{pmatrix} 0 & -1 & 1 \\ 1 & 0 & -1 \\ -2 & 1 & 2 \end{pmatrix}$$

解　前の定理を用いる. A と 3 次の単位行列 E を左右に並べ, A を標準形にかえる操作を E に対しても同時に試みる.

$$A = \begin{pmatrix} 0 & -1 & 1 \\ 1 & 0 & -1 \\ -2 & 1 & 2 \end{pmatrix} \begin{pmatrix} 1 & 0 & 0 \\ 0 & 1 & 0 \\ 0 & 0 & 1 \end{pmatrix} = E$$

第 1 行と第 2 行をいれかえる.

$$\downarrow \qquad\qquad \downarrow$$

$$\begin{pmatrix} 1 & 0 & -1 \\ 0 & -1 & 1 \\ -2 & 1 & 2 \end{pmatrix} \begin{pmatrix} 0 & 1 & 0 \\ 1 & 0 & 0 \\ 0 & 0 & 1 \end{pmatrix}$$

第 3 行に第 1 行の 2 倍をたす.
第 2 行に -1 をかける.

$$\downarrow \qquad\qquad \downarrow$$

$$\begin{pmatrix} 1 & 0 & -1 \\ 0 & 1 & -1 \\ 0 & 1 & 0 \end{pmatrix} \begin{pmatrix} 0 & 1 & 0 \\ -1 & 0 & 0 \\ 0 & 2 & 1 \end{pmatrix}$$

第 3 行から第 2 行をひく.

$$\downarrow \qquad\qquad \downarrow$$

$$\begin{pmatrix} 1 & 0 & -1 \\ 0 & 1 & -1 \\ 0 & 0 & 1 \end{pmatrix} \begin{pmatrix} 0 & 1 & 0 \\ -1 & 0 & 0 \\ 1 & 2 & 1 \end{pmatrix}$$

第3行を第1行と第2行にたす

$$E = \begin{pmatrix} 1 & 0 & 0 \\ 0 & 1 & 0 \\ 0 & 0 & 1 \end{pmatrix} \begin{pmatrix} 1 & 3 & 1 \\ 0 & 2 & 1 \\ 1 & 2 & 1 \end{pmatrix} = A^{-1}$$

3 区分行列の正則

「前に三角行列は，対角成分が0でないならば正則であることを知った．たとえば2次の三角行列

$$P = \begin{pmatrix} a & c \\ 0 & b \end{pmatrix}$$

は a, b が0でないならば正則で，その逆行列は

$$P^{-1} = \begin{pmatrix} a^{-1} & -a^{-1}cb^{-1} \\ 0 & b^{-1} \end{pmatrix}$$

であった．これを区分行列

$$P = \begin{pmatrix} A & C \\ O & B \end{pmatrix} (A, B は正方行列)$$

へ拡張すればどうなると思うね」

「2数 a, b が0でないは，行列でみると2つの正方行列 A, B が正則である……だから A, B が正則のとき，上の行列 P は正則……となるのでしょう」

「ご名答．実は，この逆も成り立つので，次の定理が……」

定理 32　次の行列で A, B が正方行列のとき，次のことが成り立つ．
$$P = \begin{pmatrix} A & C \\ O & B \end{pmatrix}$$

A, B は共に正則 $\Leftrightarrow$ P は正則

（証明） A, B の次数をそれぞれ r, s とする．

$\Rightarrow$ の証明

A, B が共に正則とすると，A, B, C を用いて，次の行列 Q を作ることができる．

$$Q = \begin{pmatrix} A^{-1} & -A^{-1}CB^{-1} \\ O & B^{-1} \end{pmatrix}$$

この Q に対して

$$PQ = \begin{pmatrix} A & C \\ O & B \end{pmatrix} \begin{pmatrix} A^{-1} & -A^{-1}CB^{-1} \\ O & B^{-1} \end{pmatrix} = \begin{pmatrix} E_r & O \\ O & E_s \end{pmatrix}$$

となって $PQ = E_{r+s}$ が成り立つから P は正則である．

$\Leftarrow$ の証明

P は正則であるとすると $PQ = E_{r+s}$ をみたす $r+s$ 次の行列 Q がある．Q と E_{r+s} を P と同じ型に区分して

$$\begin{pmatrix} A & C \\ O & B \end{pmatrix} \begin{pmatrix} X & Y \\ Z & U \end{pmatrix} = \begin{pmatrix} E_r & O \\ O & E_s \end{pmatrix}$$

とおく．左辺の積を計算すると

$$\begin{pmatrix} AX+CZ & AY+CU \\ BZ & BU \end{pmatrix} = \begin{pmatrix} E_r & O \\ O & E_s \end{pmatrix}$$

両辺の区分の仕方は同じであるから，この等式から

$$AX + CZ = E_r \qquad \qquad ①$$

$$AY + CU = O \qquad\qquad ②$$
$$BZ = O \qquad\qquad ③$$
$$BU = E_s \qquad\qquad ④$$

④から B は正則である．③の両辺の左側から B^{-1} をかて $Z = O$，これを①に代入して $AX = E_r$，したがって A も正則である．

×   ×

「前半はそんな証明でよいのですか」

「そんな……とはどこのこと？」

「Q を持ち出したところです．三角行列からの類推とは思うが，一般の学生には，藪から棒でありませんか」

「それが気になるなら，後半の証明の活用を考えればよい」

「後半のどこですか」

「①から④までの等式……これを X, Y, Z, U について解く．

④から $U = B^{-1}$ ③から $Z = O$

①に代入して $AX = E_r$ ∴ $X = A^{-1}$

②に代入して $AY + CB^{-1} = O$ ∴ $Y = -A^{-1}CB^{-1}$

これで目的の行列 Q が見つかった」

×   ×

「再び，三角行列の拡張をやろう．

行列 $\begin{pmatrix} 1 & k \\ 0 & 1 \end{pmatrix}$ は基本行列で $\begin{pmatrix} a & b \\ c & d \end{pmatrix}$ の右からかけると第1列の k 倍を第2列に加える操作になった．またこの基本行列の逆行列は

$$\begin{pmatrix} 1 & -k \\ 0 & 1 \end{pmatrix}$$

であった．これを区分行列へ拡張したのが次の問題です」

例33 次の行列で A は m 次, D は n 次の行列である.

$$M = \begin{pmatrix} A & B \\ C & D \end{pmatrix} \quad P = \begin{pmatrix} E_m & K \\ O & E_n \end{pmatrix}$$

(1) M の右から P をかけることはどんな操作か.

(2) P の逆行列を求めよ.

解 (1) $MP = \begin{pmatrix} A & B \\ C & D \end{pmatrix} \begin{pmatrix} E_m & K \\ O & E_n \end{pmatrix} = \begin{pmatrix} A & AK+B \\ C & CK+D \end{pmatrix}$

M の第1列の K 倍を第2列に加える操作である.

(2) 前の定理の解によって

$$P^{-1} = \begin{pmatrix} E_m^{-1} & -E_m^{-1}KE_n^{-1} \\ O & E_n^{-1} \end{pmatrix} = \begin{pmatrix} E_m & -K \\ O & E_n \end{pmatrix}$$

$$\times \qquad\qquad \times$$

「もう1つ, 拡張を試みたい.

$$\begin{pmatrix} 0 & 1 \\ 1 & 0 \end{pmatrix} を \begin{pmatrix} a & b \\ c & d \end{pmatrix} の左からかけると$$

第1行と第2行がいれかわった. これを区分行列へ……」

「先が読めました. 数の1に対応する行列は E だから

$$\begin{pmatrix} O & E \\ E & O \end{pmatrix} を \begin{pmatrix} A & B \\ C & D \end{pmatrix} の左からかけると$$

第1行と第2行がいれかわる」

「当らずといえども遠からず. 単位行列の次数を見落している. 区分行列の成分 A,B,C,D の型によって単位行列の次数をきめなければなりませんね」

例 34 行列 $M = \begin{pmatrix} A & B \\ C & D \end{pmatrix}$ が右に示した型の

	m	n
p	A	B
q	C	D

とき，次の問に答えよ．

(1) $P = \begin{pmatrix} O & E_q \\ E_p & O \end{pmatrix}$ を M の左からかけることは，M にどんな操作を行うことか．

(2) $Q = \begin{pmatrix} O & E_m \\ E_n & O \end{pmatrix}$ を M の右からかけることは，M にどんな操作を行うことか．

解 (1) $PM = \begin{pmatrix} O & E_q \\ E_p & O \end{pmatrix}\begin{pmatrix} A & B \\ C & D \end{pmatrix} = \begin{pmatrix} C & D \\ A & B \end{pmatrix}$

第 1 行と第 2 行をいれかえる操作である．

(2) $MQ = \begin{pmatrix} A & B \\ C & D \end{pmatrix}\begin{pmatrix} O & E_m \\ E_n & O \end{pmatrix} = \begin{pmatrix} B & A \\ D & C \end{pmatrix}$

第 1 列と第 2 列をいれかえる操作である．

練習問題—5

31 次の行列の逆行列を基本操作を用いて求めよ．

(1) $\begin{pmatrix} 1 & a & 0 \\ 0 & 1 & b \\ 0 & 0 & 1 \end{pmatrix}$

(2) $\begin{pmatrix} 1 & 1 & 1 & 1 \\ 0 & 1 & 1 & 1 \\ 0 & 0 & 1 & 1 \\ 0 & 0 & 0 & 1 \end{pmatrix}$

(3) $\begin{pmatrix} 0 & 1 & 2 \\ 1 & 2 & 3 \\ 2 & 3 & 3 \end{pmatrix}$

(4) $\begin{pmatrix} 1 & 2 & 3 \\ 1 & 3 & 5 \\ 1 & 5 & 12 \end{pmatrix}$

32 α が -1 と異なる実数のとき，右の行
列の逆行列を求めよ.

$$A = \begin{pmatrix} 0 & 1 & \alpha \\ 1 & \alpha & 0 \\ \alpha & 0 & 1 \end{pmatrix}$$

33 A, X は正方行列で $AX = A + X$ のとき，X を A で表せ. また
A と X は交換可能であることを証明せよ.

34 A, D, P が正則のとき，P の逆行
列を求めよ.

$$P = \begin{pmatrix} A & B \\ C & D \end{pmatrix}$$

35 前問を用いて，右の行列 P の逆行
列を求めよ.

$$P = \left(\begin{array}{cc|cc} 1 & 0 & 1 & 1 \\ 1 & 1 & 0 & 1 \\ \hline 1 & 1 & 1 & 0 \\ 1 & 1 & 1 & 1 \end{array} \right)$$

36 A, B は同じ次数の正方行列で，$A + B, A - B$ が正則のとき，
行列

$$P = \begin{pmatrix} A & B \\ B & A \end{pmatrix}$$

は正則であることを示し，P の逆行列を求めよ.

—

§6. 行列のランク

1 行列のランクの定義

「行列にランクというものを定義したい」

「ランクの定義はいろいろあるようですが」

「ベクトルの 1 次独立によるもの，行列式によるものなどが代表的です．しかし，いままでの学び方は標準形にかなりウェートをつけたから，標準形によって定義するのが自然だ．これなら予備知識が少なくて済みそうです」

「標準形のなにによるのですか」

「1 の個数です．それには 1 の個数が一定であること，つまり，標準形が，変形の仕方に関係なく一意に定まるのでないと困る」

定理 33 行列 A の標準形 A^* は基本操作の用い方に関係なく 1 つだけ定まる． $A^* = \begin{pmatrix} E_\tau & O \\ O & O \end{pmatrix}$

（証明） 背理法による．A に 2 つ以上の標準形があると仮定する．そのうちの 2 つを

$$A^* = \begin{pmatrix} E_r & O \\ O & O \end{pmatrix} \quad A^{**} = \begin{pmatrix} E_s & O \\ O & O \end{pmatrix} \quad (r \neq s)$$

とすると

$$PAQ = A^*, \quad RAS = A^{**}$$

をみたす正則行列 P, Q, R, S がある．第 1 式を A について解き，第 2 式に代入すると

$$RP^{-1}A^*Q^{-1}S = A^{**}$$

$RP^{-1} = X, Q^{-1}S = Y$ とおくと

$$X \begin{pmatrix} E_r & O \\ O & O \end{pmatrix} Y = \begin{pmatrix} E_s & O \\ O & O \end{pmatrix}$$

　A を (m,n) 型とすると，その標準形も (m,n) 型で，X は m 次正方行列，Y は n 次正方行列である．そこで X, Y を上の左辺の乗法が可能であるように区分したものを，次のようにおいてみる．

$$\begin{pmatrix} X_{11} & X_{12} \\ X_{21} & X_{22} \end{pmatrix} \begin{pmatrix} E_r & O \\ O & O \end{pmatrix} \begin{pmatrix} Y_{11} & Y_{12} \\ Y_{21} & Y_{22} \end{pmatrix} = \begin{pmatrix} E_s & O \\ O & O \end{pmatrix}$$

左辺を計算して

$$\begin{pmatrix} X_{11}Y_{11} & X_{11}Y_{12} \\ X_{21}Y_{11} & X_{21}Y_{12} \end{pmatrix} = \begin{pmatrix} E_s & O \\ O & O \end{pmatrix} \qquad ①$$

ここで，X_{11}, Y_{11} は r 次の行列であるから $X_{11}Y_{11}$ も r 次の行列である．

　もし $r < s$ であったとすると $X_{11}Y_{11}$ は単位行列 E_s の一部分の単位行列で次数は r である．

$$\therefore \quad X_{11}Y_{11} = E_r \qquad ②$$

また両辺の区分行列をくらべて

$$X_{21}Y_{11} = O, X_{11}Y_{12} = O \qquad ③$$

　②から X_{11}, Y_{11} は正則であるから逆行列 $X_{11}{}^{-1}, Y_{11}{}^{-1}$ がある．これらを③にかけて $X_{21} = O, Y_{12} = O$

$$\therefore X_{21}Y_{12} = O \qquad ④$$

ところが①によると $X_{21}Y_{12}$ の $(1,1)$ 成分は E_s の対角成分の 1 つであって 1 に等しい．これは④に矛盾する．

　$r > s$ と仮定したときは，A^* と A^{**} をいれかえて以上と同じことを試みることによって矛盾に達する．よって $r = s$ となり，A の標準形は 1 つしかない．

×　　　　　　　　　　×

「③からあとが分りま
せん」

「そうか．それでは，
図解しよう．$r < s$ とし
たから E_r は E_s の一部
分で，E_r からはみ出た

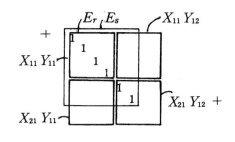

部分は $X_{21}Y_{12}$ の中にくい込んでいる．$X_{21}Y_{11}$ と $X_{11}Y_{12}$ の中に 1
ははいり込まないから零行列だ．どう，わかったかね」

「$X_{21}Y_{12}$ の $(1,1)$ 成分は，この赤字の 1 ですね」

「そう．こんな図ぐらいは自分でかいてこそ自主学習です」

×　　　　　　　　×

「上の定理によると，行列 A の標準形

$$A^* = \begin{pmatrix} E_r & O \\ O & O \end{pmatrix}$$

は 1 つだけ定まるから，r も 1 つ定まる．この r を行列 A の**階数**，
または**ランク**（rank）といって，ふつう

$$\operatorname{rank} A = r$$

で表すのだ」

「標準形を導くのは楽でない．ランクのもっと楽な求め方はない
のですか」

「ランクの定義はいろいろあるが，どの定義をとっても求めるの
は楽でない．標準形を導く方法はやっかいなようで，原理はいたっ
て簡単．だからコンピュータにも向き応用が広い．理論上も捨てが
たいよさがある．初心向きであるのも強味です．とにかく，さしあ
たっては，この rank に親しんでほしい」

例 35　右の行列 A のランクを k の値
によって場合分けをして答えよ.

$$A = \begin{pmatrix} k & 1 & 1 \\ 1 & k & 1 \end{pmatrix}$$

解　$A = \begin{pmatrix} k & 1 & 1 \\ 1 & k & 1 \end{pmatrix}$

第1列と第3列をいれかえる.

$A_1 = \begin{pmatrix} 1 & 1 & k \\ 1 & k & 1 \end{pmatrix}$

第2行から第1行をひく.

$A_2 = \begin{pmatrix} 1 & 1 & k \\ 0 & k-1 & 1-k \end{pmatrix}$

第1列を第2列からひく.
第1列の k 倍を第2列からひく.

$A_3 = \begin{pmatrix} 1 & 0 & 0 \\ 0 & k-1 & 1-k \end{pmatrix}$

$k = 1$ のとき

$A_4 = \begin{pmatrix} 1 & 0 & 0 \\ 0 & 0 & 0 \end{pmatrix}$　$\mathrm{rank}\,A = 1$

$k \neq 1$ のとき　第2行を $k-1$ で割って

$A_5 = \begin{pmatrix} 1 & 0 & 0 \\ 0 & 1 & -1 \end{pmatrix}$

第2列を第3列にたす.

$A_6 = \begin{pmatrix} 1 & 0 & 0 \\ 0 & 1 & 0 \end{pmatrix}$　$\mathrm{rank}\,A = 2$

答 $\begin{cases} k = 1 \text{ のとき } \mathrm{rank}\,A = 1 \\ k \neq 1 \text{ のとき } \mathrm{rank}\ A = 2 \end{cases}$

2　ランクに関する等式

「ランクの定義は済んだから，ランクの性質を探りたい」

「ランクの性質というと，行列 A, B のランクが分っているとき，

140

積 AB や和 $A+B$ のランクを知ること？」

「よい着眼です．しかし，それを直接知るのは難しそう．準備として，A, B を並べた行列のランクを調べてみようか」

「並べた行列というのは……(AB) のこと？」

「そのほかに $\begin{pmatrix} A \\ B \end{pmatrix}$，$\begin{pmatrix} A & O \\ O & B \end{pmatrix}$ のようなものも考えられる．ランクが分らなくても，範囲の分ることがあろう．だから，定理は等式のものと不等式のものとに分けられる」

「等式のほうが簡単でしょう」

「そう単純には割り切れないとは思うが，君の感触を尊重し，等式のものからスタートと行こう」

定理 34　2つの行列 A, B が同じ型の行列であって，A, B のランクが等しいならば，$PAQ = B$ をみたす正則行列 P, Q がある．この逆も成り立つ．

「図式化しておこう．

$$\begin{cases} A, B \text{は同じ型} \\ \operatorname{rank} A = \operatorname{rank} B \end{cases} \Longleftrightarrow \begin{cases} PAQ = B \text{をみたす正} \\ \text{則行列} P, Q \text{がある} \end{cases}$$

証明は，$\Rightarrow$ の証明と，$\Leftarrow$ 証明に分けて……」

「この定理は，ランクの定義をいいかえたものに近そうですが」

「君の触覚は鋭いよ」

(証明) 証明を2つに分ける．

$\Rightarrow$ の証明

A, B は同じ型でランクが r 等しいとすると，ランクの定義によっ

て

$$P_1 A Q_1 = \begin{pmatrix} E_r & O \\ O & O \end{pmatrix}, \quad P_2 B Q_2 = \begin{pmatrix} E_r & O \\ O & O \end{pmatrix}$$

をみたす正則行列 P_1, Q_1, P_2, Q_2 がある．したがって

$$P_1 A Q_1 = P_2 B Q_2$$

$$\therefore \ (P_2^{-1} P_1) A (Q_1 Q_2^{-1}) = B$$

$P_2^{-1} P_1 = P, \quad Q_1 Q_2^{-1} = Q$ とおくと，P, Q は正則で，かつ

$$PAQ = B$$

⇐ 証明

$PAQ = B$ をみたす正則行列 P, Q があったとすると，A, B は同じ型である．B のランクを r とする

$$
\begin{array}{c}
(m,n) \\
\downarrow \\
P \ A \ Q = B \\
\uparrow \ \uparrow \ \uparrow \\
(m,m)(n,n)(m,n)
\end{array}
$$

$$P_2 B Q_2 = \begin{pmatrix} E_r & O \\ O & O \end{pmatrix}$$

をみたす正則行列 P_2, Q_2 がある．これに $B = PAQ$ を代入して

$$(P_2 P) A (Q Q_2) = \begin{pmatrix} E_r & O \\ O & O \end{pmatrix}$$

$P_2 P, Q Q_2$ は正則行列であるから A のランクは r に等しい．

$$\therefore \quad \operatorname{rank} A = \operatorname{rank} B$$

例 36 $(3,4)$ 型の行列 $\begin{pmatrix} E_2 & C \\ O & O \end{pmatrix}$ のランクを求めよ．

解法のリサーチ

「やさしい，基本変形で C をゼロ行列にかえればよい」

「そんな気はするが，実感が伴わない」

「成分で表してみては……」

「この行列は $(3, 4)$ 型だから成分で表せば目標は

$$
\begin{pmatrix} 1 & 0 & c_{11} & c_{12} \\ 0 & 1 & c_{21} & c_{22} \\ 0 & 0 & 0 & 0 \end{pmatrix} \longrightarrow \begin{pmatrix} 1 & 0 & 0 & 0 \\ 0 & 1 & 0 & 0 \\ 0 & 0 & 0 & 0 \end{pmatrix}
$$

分った第 1 列の c_{11}, c_{12} 倍をそれぞれ第 3, 4 列からひけば c_{11}, c_{12} が消える．同様にして c_{21}, c_{22} を消すこともできるから，求めるランクは 2」

×   ×

「これで済んだが，一歩すすめ，変形を行列で表してみては」

「やさしいこと．

$$
\begin{pmatrix} 1 & 0 & -c_{11} & 0 \\ 0 & 1 & 0 & 0 \\ 0 & 0 & 1 & 0 \\ 0 & 0 & 0 & 1 \end{pmatrix}, \begin{pmatrix} 1 & 0 & 0 & -c_{12} \\ 0 & 1 & 0 & 0 \\ 0 & 0 & 1 & 0 \\ 0 & 0 & 0 & 1 \end{pmatrix}, \begin{pmatrix} 1 & 0 & 0 & 0 \\ 0 & 1 & -c_{21} & 0 \\ 0 & 0 & 1 & 0 \\ 0 & 0 & 0 & 1 \end{pmatrix}, \begin{pmatrix} 1 & 0 & 0 & 0 \\ 0 & 1 & 0 & -c_{22} \\ 0 & 0 & 1 & 0 \\ 1 & 0 & 0 & 1 \end{pmatrix}
$$

これらの基本行列を左側……いや右側からかける」

「これらの積がどうなるかについては，すでに学んだはず」

「思い出した．

$$
\begin{pmatrix} 1 & 0 & -c_{11} & -c_{12} \\ 0 & 1 & -c_{21} & -c_{22} \\ 0 & 0 & 1 & 0 \\ 0 & 0 & 0 & 1 \end{pmatrix}
$$

こうでしょう」

「これから必要なのは，区分行列で表して処理すること」

「それなら，僕は自信があります．

$$\begin{pmatrix} E_2 & C \\ O & O \end{pmatrix} \begin{pmatrix} E_2 & -C \\ O & E_2 \end{pmatrix} = \begin{pmatrix} E_2 & O \\ O & O \end{pmatrix}$$

第1の行列のランクは第3の行列のランク2に等しい」

「君の力なら，これから先は気が楽……」

定理 35　次の等式が成り立つ.

(1)　$\mathrm{rank}\, A = \mathrm{rank}(A \quad O) = \mathrm{rank}(O \quad A)$

(2)　$\mathrm{rank}\, A = \mathrm{rank} \begin{pmatrix} A \\ O \end{pmatrix} = \mathrm{rank} \begin{pmatrix} O \\ A \end{pmatrix}$

「この定理は……要するに，ゼロ行列を左右上下に追加して新しい行列を作っても，ランクは変らない，ということ」

「そう．たとえば

$$(A) \blacktriangleright (AO) \blacktriangleright \begin{pmatrix} A & O \\ O & O \end{pmatrix} \blacktriangleright \begin{pmatrix} O & A & O \\ O & O & O \end{pmatrix} \blacktriangleright \begin{pmatrix} O & O & O \\ O & A & O \\ O & O & O \end{pmatrix}$$

のようにゼロ行列を追加してもランクは不変ということ」

「じゃ，定理は一般化して

$$\mathrm{rank}\, A = \mathrm{rank} \begin{pmatrix} O & O & O \\ O & A & O \\ O & O & O \end{pmatrix}$$

とかいてもよい？」

「そういうことです」

144

証明のリサーチ

「A を標準形にかえる操作を，$(A\ \ O)$ に行っても，O は変らない，定理は当然ですが」

「その通り．しかし，それを式で表してほしいね．数学はフィーリングでは困るよ」

「A のランクを r，行の基本行列の積を P，列の基本行列の積を Q とすると

$$PAQ = \begin{pmatrix} E_r & O \\ O & O \end{pmatrix}$$

$$P\begin{pmatrix} A & O \end{pmatrix}Q = \begin{pmatrix} PAQ & O \end{pmatrix} = \left(\begin{array}{cc|c} E_r & O & O \\ O & O & O \end{array}\right) = \begin{pmatrix} E_r & O \\ O & O \end{pmatrix}$$

「そう，そう．その調子」

「$(O\ \ A)$ は $(A\ \ O)$ の列のいれかえたもので，ランクは不変」

「それも式で表してほしいね．区分行列によって……」

「A を (l, m) 型とすると

$$\begin{pmatrix} A & O \end{pmatrix}\begin{pmatrix} O & E_m \\ E_n & O \end{pmatrix} = \begin{pmatrix} O & A \end{pmatrix}$$

第2の行列は正則だから $(A\ \ O)$ と $(O\ \ A)$ のランクは等しい」

「君の実力が分った．(2) の証明ははぶく」

定理 36 次の等式が成り立つ．

$$\mathrm{rank}\begin{pmatrix} A & O \\ O & B \end{pmatrix} = \mathrm{rank}\,A + \mathrm{rank}\,B$$

「美しい定理ですね」

「美しいだけではない，重要なものです」

証明のリサーチ

「やさしそう．2つの行列に分けて

$$\begin{pmatrix} A & O \\ O & B \end{pmatrix} = \begin{pmatrix} A & O \\ O & O \end{pmatrix} + \begin{pmatrix} O & O \\ O & B \end{pmatrix}$$

右辺の2つの行列のランクは A, B に等しいから……」

「そういうのを論理の飛躍というのです．2つの行列に分けても，それらのランクの和ともとの行列のランクとの関係を，まだ，やっていない．もっと地味に……基本操作にもどらねば……」

「そうか．A が標準形にかわるような操作を $\begin{pmatrix} A & O \\ O & B \end{pmatrix}$ に行っても，O はもちろん B も変らないから

$$\begin{pmatrix} A & O \\ O & B \end{pmatrix} \xrightarrow[\text{基本変形}]{} \left(\begin{array}{cc|c} E_r & O & O \\ O & O & O \\ \hline O & B & \end{array} \right), \quad (\text{rank}\, A = r)$$

さらに，B が標準形にかわるような操作を行列全体に行っても O と E_r は変らないから

$$\left(\begin{array}{cc|c} E_r & O & O \\ O & O & \\ \hline O & & B \end{array} \right) \xrightarrow[\text{基本変形}]{} \left(\begin{array}{cc|cc} E_r & O & & O \\ O & O & & \\ \hline O & & E_s & O \\ & & O & O \end{array} \right), \quad (\text{rank}\, B = s)$$

次に，行と列のいれかえによって E_r に E_s をつなぎ，さらにランクに関係のないゼロ行列をカットすると

$$\longrightarrow \begin{pmatrix} E_r & O & O \\ O & E_s & O \\ O & O & O \end{pmatrix} \longrightarrow E_{r+s}$$

どの変形のところもランクには影響がないから

$$\text{rank} \begin{pmatrix} A & O \\ O & B \end{pmatrix} = r + s = \text{rank}\, A + \text{rank}\, B$$

146

やれやれ，どうにか終着駅につきました」

× ×

「欲をいえば，これも証明過程を行列の計算で表してほしい」

「やってみます．

$$P_1 A Q_1 = \begin{pmatrix} E_r & O \\ O & O \end{pmatrix}, \quad P_2 A Q_2 = \begin{pmatrix} E_s & O \\ O & O \end{pmatrix}$$

↑ ↑　　　　　　　↑ ↑
正則行列　　　　　　正則行列

このとき，$\begin{pmatrix} A & O \\ O & B \end{pmatrix}$ の A, B を同時に標準形にかえる行列は？」

「第1行と第2行にそれぞれ P_1, P_2 をかけ，第1列と第2列にはそれぞれ Q_1, Q_2 をかけるのだと考えて……」

「そうか．分った．

$$\begin{pmatrix} P_1 & O \\ O & P_2 \end{pmatrix} \begin{pmatrix} A & O \\ O & B \end{pmatrix} \begin{pmatrix} Q_1 & O \\ O & Q_2 \end{pmatrix} = \begin{pmatrix} P_1 A Q_1 & O \\ O & P_2 B Q_2 \end{pmatrix} = \left(\begin{array}{c|c} \begin{matrix} E_r & O \\ O & O \end{matrix} & O \\ \hline O & \begin{matrix} E_s & O \\ O & O \end{matrix} \end{array} \right)$$

↓　　　　　　　↓
正則　　　　　　正則

この先もやるのですか」

「まあ，よかろう，君の課題として残しておき，最後の定理へ」

定理 37　行列のランクは，その転置行列のランクに等しい．

$$\operatorname{rank} A = \operatorname{rank} {}^t A$$

（証明）$\operatorname{rank} A = r$ とおくと

$$PAQ = \begin{pmatrix} E_r & O_1 \\ O_2 & O_3 \end{pmatrix}$$

をみたす正則行列 P, Q がある. 上の式の両辺に転置を行うと

$$
{}^tQ\,{}^tA\,{}^tP = \left(
\begin{array}{cc}
E_r & {}^tO_2 \\
{}^tO_1 & {}^tO_3
\end{array}
\right)
$$

P, Q が正則ならば ${}^tP, {}^tQ$ も正則であるから

$$
\operatorname{rank}{}^tA = r = \operatorname{rank} A
$$

3 ランクに関する不等式

「A と $(A\ \ O)$ のランクは等しかった. これを一般化し, A と $(A\ \ B)$ のランクを比較してみたい. 君の感触はどうか」

「そう A のランクより $(A\ \ B)$ のランクが大きそう」

「当らずといえども遠からず "小さくない" が正しい」

定理 38　(1) $\operatorname{rank} A \leqq \operatorname{rank}(A\ \ B) = \operatorname{rank}(B\ \ A)$

　　(2)　$\operatorname{rank} A \leqq \operatorname{rank} \left(\begin{array}{c} A \\ B \end{array}\right) = \operatorname{rank} \left(\begin{array}{c} B \\ A \end{array}\right)$

「A, B は任意の行列でしょうね」

「ヤボなことを聞くじゃない. A, B を並べて1つ行列 $(A\ \ B)$ を作るのですよ」

「失礼.（1）では A, B の行の数が一致,（2）では A, B の列の数が一致. いや, 当然でした」

「見れば分ることは, 書かないのが慣用……」

（証明）（1）$\operatorname{rank} A = r$ とする.（$A\ \ B$）に基本操作を行って A の部分を標準形に変える. このとき B も変るから, 変ったものを

148

C とし，C をさらに上下に分け C_1, C_2 とすれば

$$(A \quad B) \xrightarrow[\text{基本操作}]{} \begin{pmatrix} E_r & O \\ O & O \end{pmatrix} C \xrightarrow[\text{分割}]{} \begin{pmatrix} E_r & O & C_1 \\ O & O & C_2 \end{pmatrix}$$

第 2 列と第 3 列をいれかえ，ランクに影響のないゼロ行列をカットし，さらに第 1 列 $\times (-C_1)$ を第 2 列に加える.

$$\xrightarrow[\text{いれかえ}]{} \begin{pmatrix} E_r & C_1 & O \\ O & C_2 & O \end{pmatrix} \xrightarrow[\text{O のカット}]{} \begin{pmatrix} E_r & C_1 \\ O & C_2 \end{pmatrix} \xrightarrow[\substack{\text{第 1 列} \times(-C_1) \\ \text{を第 2 列にたす}}]{} \begin{pmatrix} E_r & O \\ O & C_2 \end{pmatrix}$$

以上の操作によってランクは変らないから

$$\operatorname{rank}(A \quad B) = \operatorname{rank} \begin{pmatrix} E_r & O \\ O & C_2 \end{pmatrix} = \operatorname{rank} E_r + \operatorname{rank} C_2$$

$$\geqq r = \operatorname{rank} A$$

$(A \quad B)$ は列のいれかえによって $(B \quad A)$ にかえられるから $\operatorname{rank}(A \quad B) = \operatorname{rank}(B \quad A)$

(2) (1) と同様であるから省略.

例 37 $A = \begin{pmatrix} a_1 & b_1 \\ a_2 & b_2 \end{pmatrix}, B = \begin{pmatrix} a_1 & b_1 & c_1 \\ a_2 & b_2 & c_2 \end{pmatrix}$ のとき，$\operatorname{rank} A$ と $\operatorname{rank} B$ の値は，いく通りの場合があるか.

解 定理によって $\operatorname{rank} A \leqq \operatorname{rank} B$，またランクは行の個数，列の個数を超えないから

$$\operatorname{rank} A \leqq \operatorname{rank} B \leqq 2$$

(1) $\operatorname{rank} A = 2$ のとき $\operatorname{rank} B = 2$

(2) $\operatorname{rank} A = 1$ のとき $\operatorname{rank} B = 1, 2$

(3) $\operatorname{rank} A = 0$ のとき $\operatorname{rank} B = 0, 1, 2$

答

rank A	2	1	1	0	0	0
rank B	2	2	1	2	1	0

　　　　　　×　　　　　　　　　×

「残念でした. rank $A = 0$, rank $B = 2$ の場合はない」

「ヘンですね. すべての場合を挙げたのに？」

「rank $A = 0$ ならば A のすべての成分は 0 ですよ」

「だとすると $B = \begin{pmatrix} 0 & 0 & c_1 \\ 0 & 0 & c_2 \end{pmatrix}$, rank $B = \operatorname{rank} \begin{pmatrix} c_1 \\ c_2 \end{pmatrix} \leqq 1$,

なるほど, rank B は 2 になりませんね. ほかの場合も, 本当にあるのかどうか心配になった」

「存在を示す最も手近な方法は実例をあげること」

「第 1 の場合の実例 $A = \begin{pmatrix} 1 & 0 \\ 0 & 1 \end{pmatrix}$　　$B = \begin{pmatrix} 1 & 0 & 0 \\ 0 & 1 & 0 \end{pmatrix}$

　第 2 の場合の実例 $A = \begin{pmatrix} 1 & 0 \\ 0 & 0 \end{pmatrix}$　　$B = \begin{pmatrix} 1 & 0 & 0 \\ 0 & 0 & 1 \end{pmatrix}$

　第 3 の場合の実例 $A = \begin{pmatrix} 1 & 0 \\ 0 & 0 \end{pmatrix}$　　$B = \begin{pmatrix} 1 & 0 & 0 \\ 0 & 0 & 0 \end{pmatrix}$

　第 5 の場合の実例 $A = \begin{pmatrix} 0 & 0 \\ 0 & 0 \end{pmatrix}$　　$B = \begin{pmatrix} 0 & 0 & 1 \\ 0 & 0 & 0 \end{pmatrix}$

　第 6 の場合の実例 $A = \begin{pmatrix} 0 & 0 \\ 0 & 0 \end{pmatrix}$　　$B = \begin{pmatrix} 0 & 0 & 0 \\ 0 & 0 & 0 \end{pmatrix}$

正しい答は……

rank A	2	1	1	0	0
rank B	2	2	1	1	0

定理 39　(1) rank $AB \leqq$ rank A

(2)　rank $AB \leqq$ rank B

150

証明のリサーチ

「ちょっと手が出ません」

「ヒントを1つ．いままでのように標準形を用いては．(1)ならば A のランクを r とおいて，A の標準形を……」

「当ってみよう．

$$PAQ = \begin{pmatrix} E_r & O \\ O & O \end{pmatrix} \quad (P, Q \text{ は正則})$$

AB を作りたいのだが……？」

「A について解いては……」

「P, Q は正則だから，A について解けて

$$A = P^{-1} \begin{pmatrix} E_r & O \\ O & O \end{pmatrix} Q^{-1}$$

両辺の右側から B をかけて

$$AB = P^{-1} \begin{pmatrix} E_r & O \\ O & O \end{pmatrix} Q^{-1} B$$

P^{-1} は正則だからランクに影響ないが，$Q^{-1}B$ は正則とは限らないからランクへの影響を無視できない．そこで

$$\text{rank } AB = \text{rank} \begin{pmatrix} E_r & O \\ O & O \end{pmatrix} Q^{-1} B$$

また，行詰った．ヒントを……」

「$Q^{-1}B$ をその前の標準形との積を考慮し区分けしてみては……」

「X を (r, r) 型にとれば積は可能

$$\begin{pmatrix} E_r & O \\ O & O \end{pmatrix} \begin{pmatrix} X & Y \\ Z & U \end{pmatrix} = \begin{pmatrix} X & Y \\ O & O \end{pmatrix}$$

$$\xrightarrow[O \text{ をカット}]{} (X \quad Y)$$

A……(l, m) 型

B……(m, n) 型

⬇

(l, m) $\quad$ (m, m) (m, n)

$\begin{pmatrix} E_r & O \\ O & O \end{pmatrix}$ $\underbrace{Q^{-1} \quad B}_{(m, n)}$

⬇

$\overset{r \ \ m-r}{\begin{pmatrix} E_r & O \\ O & O \end{pmatrix}}\begin{matrix} r \\ m-r \end{matrix}$ $\overset{r \ \ n-r}{\begin{pmatrix} X & Y \\ Z & U \end{pmatrix}}$

$(X\ \ Y)$ は (r,n) 型であることを考慮すれば

$$\operatorname{rank} AB = \operatorname{rank}(X\ \ Y) \leqq r = \operatorname{rank} A$$

出来ました，当ってみるものですね」

「(2) は B 標準形を用いて同様に……．課題として残したい」

×　　　　　　　　×

「前の定理を応用した証明も考えられるが……ヒントなしでは無理か．AB に A を補って行列 $(AB\ \ A)$ を作り，AB を O にかえ $(O\ \ A)$ を導いてごらん」

「A を (l,m) 型，B を (m,n) 型とすると AB は (l,n) 型だから $(AB\ \ A)$ は $(l,n+m)$ 型の行列になる．これはうまい．

$$\operatorname{rank} AB \leqq \operatorname{rank}(AB\ A)$$

ここで，AB を O にかえたい．しかし，それが……？」

「気付きませんか．第 2 列に $-B$ をかけ第 1 列に加えるとみる」

「分った．

$$(AB\ \ A)\begin{pmatrix} E_n & O \\ -B & E_m \end{pmatrix} = (O\ \ A)$$

$$\overset{n}{\overbrace{(AB}}\ \overset{m}{\overbrace{A)}}$$

$$\downarrow$$

$$\begin{matrix} n \\ m \end{matrix}\begin{pmatrix} \overset{n}{\overbrace{E_n}} & \overset{m}{\overbrace{O}} \\ -B & E_m \end{pmatrix}$$

第 2 の行列は正則だから

$$\operatorname{rank}(AB\ A) = \operatorname{rank}(O\ \ A)$$

$$= \operatorname{rank} A$$

$$\therefore\quad \operatorname{rank} AB \leqq \operatorname{rank} A$$

ヒントのおかげで，エレガントな証明に成功……感激です」

「同様の方法で (2) の証明も出来よう．これも課題……」

定理 40 (1) $\mathrm{rank}(A\ B) \leqq \mathrm{rank}\,A + \mathrm{rank}\,B$

(2) $\mathrm{rank} \begin{pmatrix} A \\ B \end{pmatrix} \leqq \mathrm{rank}\,A + \mathrm{rank}\,B$

証明のリサーチ

「右辺の式を見て，定理 36 を応用してはどうかといった予想が立つのだが……」

「素晴しいアイデア……それには，2 つの行列

$$(A\ \ B)\begin{pmatrix} A & O \\ O & B \end{pmatrix}$$

の関係をさぐればよさそう．もし

$$(A\ \ B) = (P)\begin{pmatrix} A & O \\ O & B \end{pmatrix} \text{ または } (A\ \ B) = \begin{pmatrix} A & O \\ O & B \end{pmatrix}(Q)$$

をみたす行列 P か Q がみつかったとすれば

$$\mathrm{rank}\,(A\ \ B) \leqq \mathrm{rank}\begin{pmatrix} A & O \\ O & B \end{pmatrix} = \mathrm{rank}\,A + \mathrm{rank}\,B$$

となって目的が達せられる．A を (l, m) 型，B を (l, n) 型としてみると，上の等式をみたす Q はあり得ないが，P は望みがある」

$$\begin{matrix} & m & n \\ l & (A & B) \end{matrix}$$

$$\begin{matrix} & m & n \\ l & (A & O \\ l & O & B) \end{matrix}$$

「P は $(l, l+l)$ 型ならばよいですね．それを $(X\ \ Y)$ としてみると

$$(A\ \ B) = (X\ \ Y)\begin{pmatrix} A & O \\ O & B \end{pmatrix}$$

これが成り立つためには $A = XA, B = YB$ したがって $X = Y = E_l$ 分った．求める行列 P は $(E_l E_l)$ です」

「証明を整理しよう」

（証明）(1) A, B をそれぞれ (l, m) 型，(l, n) 型とすると

$$(A \quad B) = (E_l \quad E_l) \begin{pmatrix} A & O \\ O & B \end{pmatrix}$$

$$\mathrm{rank}\,(A \quad B) = \mathrm{rank}\,(E_l \quad E_l) \begin{pmatrix} A & O \\ O & B \end{pmatrix}$$

$$\leqq \mathrm{rank} \begin{pmatrix} A & O \\ O & B \end{pmatrix} = \mathrm{rank}\,A + \mathrm{rank}\,B$$

(2) A, B をそれぞれ (m, l) 型，(n, l) 型とすると

$$\begin{pmatrix} A \\ B \end{pmatrix} = \begin{pmatrix} A & O \\ O & B \end{pmatrix} \begin{pmatrix} E_l \\ E_l \end{pmatrix}$$

以後は (1) の証明の後半と同じ．

例 38 A, B が右の行列のとき次の不等式が成り立つことを証明せよ．
$$A = \begin{pmatrix} a & b \\ c & d \end{pmatrix}, \quad B = \begin{pmatrix} a & b & p \\ c & d & q \\ x & y & z \end{pmatrix}$$

$$\mathrm{rank}\,A \leqq \mathrm{rank}\,B \leqq \mathrm{rank}\,A + 2$$

解 B を次のように C と X に分け，次に C を A と P に分ける．

$$B = \begin{pmatrix} a & b & p \\ c & d & q \\ \hline x & y & z \end{pmatrix} = \begin{pmatrix} C \\ X \end{pmatrix} \quad C = \left(\begin{array}{cc|c} a & b & p \\ c & d & q \end{array} \right) = (A \quad P)$$

定理 38 によって

$$\mathrm{rank}\,A \leqq \mathrm{rank}\,C \leqq \mathrm{rank}\,B \qquad ①$$

次に定理 40 によって

$$\operatorname{rank} B \leqq \operatorname{rank} C + \operatorname{rank} X \leqq (\operatorname{rank} A + \operatorname{rank} P) + \operatorname{rank} X$$

P は $(2,1)$ 型，X は $(1,3)$ 型の行列であるから，それらのランクは 1 以下である．よって

$$\operatorname{rank} B \leqq \operatorname{rank} A + 2 \qquad \qquad ②$$

①と②から

$$\operatorname{rank} A \leqq \operatorname{rank} B \leqq \operatorname{rank} A + 2$$

4　ランクの定義いろいろ

「行列のランクの定義はいろいろありませんか」

「ありますよ」

「本書の定義との関係はどうなっているのですか」

「定義はいろいろあっても，結局は一致するのですよ」

「そこを，ぜひ，知りたい」

「よく見かける定義は，ベクトルの 1 次独立によるもの．行列 A をたとえば列ベクトルによって

$$A = (\boldsymbol{a}_1, \boldsymbol{a}_2, \cdots\cdots, \boldsymbol{a}_n)$$

と表したとき，これらのベクトルのうち 1 次独立なものの最大個数を A のランクとするもの．これを，いままでのランクと区別するため $\underline{\operatorname{rank}A}$ で表しておこう」

$$\underline{\operatorname{rank}}A = \left(\begin{array}{l} \boldsymbol{a}_1, \boldsymbol{a}_2, \cdots\cdots, \boldsymbol{a}_n \text{ のうち} \\ 1 \text{ 次独立なものの最大個数} \end{array} \right)$$

「これが $\operatorname{rank} A$ に等しい理由を知りたい」

「くわしくはベクトルの本で……．ここでは結論の紹介にとどめたい．$\underline{\operatorname{rank}}A$ も基本操作によって変らないことが知られている．

$$A \longrightarrow \boxed{\text{基本操作}} \longrightarrow A^* = \begin{pmatrix} E_r & O \\ O & O \end{pmatrix}$$

このとき $\underline{\text{rank}A} = \underline{\text{rank}A^*}$

ところが A^* の列ベクトルをみると，1次独立なものの最大個数は r であるから

$$\underline{\text{rank}A} = r$$

となって，いままでの rank A と一致する」

「そこがよく分らない」

「たとえば標準形が，こんな行列で
あったとしよう．3つの列ベクトル
x_1, x_2, x_3 は1次独立です．念のため

$$A^* = \begin{pmatrix} 1 & 0 & 0 & 0 & 0 \\ 0 & 1 & 0 & 0 & 0 \\ 0 & 0 & 1 & 0 & 0 \\ 0 & 0 & 0 & 0 & 0 \end{pmatrix}$$
$$= (x_1,\ x_2,\ x_3,\ 0,\ 0)$$

$$\lambda_1 x_1 + \lambda_2 x_2 + \lambda_3 x = 0$$

と仮定してごらん．

$$\lambda_1 \begin{pmatrix} 1 \\ 0 \\ 0 \\ 0 \end{pmatrix} + \lambda_2 \begin{pmatrix} 0 \\ 1 \\ 0 \\ 0 \end{pmatrix} + \lambda_3 \begin{pmatrix} 0 \\ 0 \\ 1 \\ 0 \end{pmatrix} = \begin{pmatrix} \lambda_1 \\ \lambda_2 \\ \lambda_3 \\ 0 \end{pmatrix} = \begin{pmatrix} 0 \\ 0 \\ 0 \\ 0 \end{pmatrix}$$

$\lambda_1 = \lambda_2 = \lambda_3 = 0$ となる．一方4個以上のベクトルを選ぶと，その
中にゼロベクトルが必ずあるから1次従属」

「なるほど．1次独立なものの最大個数は3ですね」

「これを一般化するだけのこと」

$$\times \qquad\qquad\qquad \times$$

「そのほかのランクの定義は？」

156

「行列式を用いるもの．行列 A から行と列を，その順序をくずさずに選び出して行列式を作ることができる．たとえば

$$A = \begin{pmatrix} a_{11} & a_{12} & a_{13} & a_{14} & a_{15} \\ a_{21} & a_{22} & a_{23} & a_{24} & a_{25} \\ a_{31} & a_{32} & a_{33} & a_{34} & a_{35} \\ a_{41} & a_{42} & a_{43} & a_{44} & a_{45} \end{pmatrix} \text{から} D = \begin{vmatrix} a_{22} & a_{24} \\ a_{32} & a_{34} \end{vmatrix}$$

このような行列式を A の**小行列式**ということは知っているだろう」

「はい」

「A の小行列式のうち値が 0 でないものの次数の最大値を A のランクと定義するのが第 3 の方法です．このランクをいままでのランクと区別するため，仮に $\underline{\underline{\mathrm{rank}}}A$ で表しておこう」

$$\underline{\underline{\mathrm{rank}}}A = \begin{pmatrix} A \text{ の小行列式のうち値が } 0 \\ \text{でないものの次数の最大値} \end{pmatrix}$$

「これも，いままでのランクと一致するのですね」

「そう．この証明でも基本操作がモノをいう．$\underline{\underline{\mathrm{rank}}}A$ も基本操作で変らないことが知られている．すなわち

$$\underline{\underline{\mathrm{rank}}}A = \underline{\underline{\mathrm{rank}}}A^* = \underline{\underline{\mathrm{rank}}} \begin{pmatrix} E_r & O \\ O & O \end{pmatrix}$$

この標準形で小行列式の値を求めてごらん」

「$|E_r| = 1$，次数が r より大きい小行列式を作ると，0 ばかり並ぶ列が必ずあるから，その値は 0」

「これで結論が出た．値が 0 でない小行列式の次数の最大値は？」

「r です」

「そこで $\underline{\underline{\mathrm{rank}}}A = r$ となって，$\mathrm{rank}\,A$ と一致する」

$\qquad\qquad\times\qquad\qquad\qquad\qquad\times$

「どの定義をみても，A のランクを直接求めるのは楽でありませんね」

「標準形ならば，ひと目で分る」

「基本操作と標準変形の重要なわけが，よく分りました」

「本書のランクの定義のよさも分ってほしいよ」

練習問題—6

37 次の行列のランクを求めよ.

$$A = \begin{pmatrix} -1 & 3 & -2 \\ 2 & -6 & 4 \end{pmatrix} \quad B = \begin{pmatrix} 5 & -2 & 3 \\ -2 & 1 & -2 \\ 3 & -2 & 5 \\ 6 & -1 & 2 \end{pmatrix} \quad C = \begin{pmatrix} 2 & -2 & -3 & 2 \\ 3 & 9 & -15 & 3 \\ 1 & -5 & 2 & 1 \end{pmatrix}$$

38 次の行列のランクを求めよ.

(1) a, b が実数のとき   (2)

$$A = \begin{pmatrix} a & -b \\ b & a \end{pmatrix} \qquad B = \begin{pmatrix} 1 & 1 & 1 & a \\ 1 & 1 & a & a \\ 1 & a & a & a \\ a & a & a & a \end{pmatrix}$$

39 A, B が (m, n) の行列のとき，次の不等式を証明せよ.

(1) $\operatorname{rank}(A + B) \leqq \operatorname{rank}(A\ B)$

(2) $\operatorname{rank}(A + B) \leqq \operatorname{rank} A + \operatorname{rank} B$

40 次の不等式を証明せよ.

$$\operatorname{rank} \begin{pmatrix} A & C \\ O & B \end{pmatrix} \geqq \operatorname{rank} A + \operatorname{rank} B$$

158

41 次の等式を証明せよ.

$$\operatorname{rank}\begin{pmatrix} A & O & O \\ O & B & O \\ O & O & C \end{pmatrix} = \operatorname{rank} A + \operatorname{rank} B + \operatorname{rank} C$$

42 右の行列のランクを求めよ.

$$A = \left(\begin{array}{cc|cc} 2 & -1 & 0 & 0 \\ -4 & 2 & 0 & 0 \\ \hline 0 & 0 & 3 & 5 \\ 0 & 0 & 1 & 2 \end{array}\right) \quad B = \left(\begin{array}{cc|ccc} 3 & 0 & 0 & 0 & 0 \\ 0 & 2 & 0 & 0 & 0 \\ \hline 0 & 0 & 3 & -2 & 1 \\ 0 & 0 & 9 & -6 & 3 \end{array}\right)$$

§7. 連立一次方程式

1 基本操作で解く

「ランクを知るための標準形は行列を完全に裸にしたもので全ストであった．ところが連立一次方程式を解くのは，標準形の1歩手前で，いわば半ストです」

「楽しみ半減ですね」

「何事も……8分目がベスト……実例で観賞といこう．

$$\begin{cases} x + 2y - z = -5 \\ x + 2y \quad\;\; = -3 \\ -3x - 6y + z = k + 10 \end{cases}$$

この方程式を解くものとする．俰数だけ取り出して行列を作る．

$$\begin{pmatrix} 1 & 2 & -1 & -5 \\ 1 & 2 & 0 & -3 \\ -3 & -6 & 1 & k+10 \end{pmatrix}$$

↓ 　第2行から第1行をひく．
　　第3行に第1行の3倍をたす．

$$\begin{pmatrix} 1 & 2 & -1 & -5 \\ 0 & 0 & 1 & 2 \\ 0 & 0 & -2 & k-5 \end{pmatrix}$$

↓ 　第3行以第2行の2倍をたす．

$$\begin{pmatrix} 1 & 2 & -1 & -5 \\ 0 & 0 & 1 & 2 \\ 0 & 0 & 0 & k-1 \end{pmatrix}$$

↓ 　第2列と第3列をいれか党る．

$$\begin{pmatrix} 1 & -1 & 2 & -5 \\ 0 & 1 & 0 & 2 \\ 0 & 0 & 0 & k-1 \end{pmatrix}$$

↓ 　第1行に第2行をたす．

$$\begin{pmatrix} 1 & 0 & 2 & -3 \\ 0 & 1 & 0 & 2 \\ 0 & 0 & 0 & k-1 \end{pmatrix}$$

　ここで, 未知数をつけ方程式の形に戻したい. 基本操作はほとんど行に関するもの……1つだけ列の操作があった」

「第2列と第3列のいれかえですね」

「そう. これだけは列の操作だが, 省けない. 第2列と第3列をいれかえることは, 方程式でみるとyの項とzの項をいれかえること. だから……」

「わかった. 方程式に戻すとき, yとをいれかえる」

「そこが急所です. 欠けたところには0を残しておこう.

$$\begin{cases} 1x + 0z + 2y = -3 & \cdots\cdots ① \\ 0x + 1z + 0y = 2 & \cdots\cdots ② \\ 0x + 0z + 0y = k - 1 & \cdots\cdots ③ \end{cases}$$

この方程式が解をもつかどうかはkの値できまる」

「$k \neq 1$のときは③成り立たないから解がない. $k = 1$のときは③がつねに成り立つから①, ②を解けばよい.

$$\begin{cases} x = -3 - 2y \\ z = 2 \end{cases} \qquad (y \text{ は任意})$$

これが解です」

「その解は$y = t$とおいて

$$\begin{cases} x = -3 - 2t \\ y = t \\ z = 2 \end{cases} \qquad (t \text{ は任意})$$

とおけば形が整う. 基本操作の偉力を見直したろうね」

「しかし, 行列の中の縦の棒が気がかりです」

「当然な疑問……それをスカッと解明したければ, 基本操作を行列で表してみればよいのだ」

162

2 基本行列で見直す

「x, y, z をつけた形で，基本操作を行列で表してみる．

$$\begin{pmatrix} 1 & 2 & -1 \\ 1 & 2 & 0 \\ -3 & -6 & 1 \end{pmatrix} \begin{pmatrix} x \\ y \\ z \end{pmatrix} = \begin{pmatrix} -5 \\ -3 \\ k+10 \end{pmatrix}$$

最初の基本操作は，上の式の両辺に左側から基本行列

$$S_1 = \begin{pmatrix} 1 & 0 & 0 \\ -1 & 1 & 0 \\ 0 & 0 & 1 \end{pmatrix}, \quad S_2 = \begin{pmatrix} 1 & 0 & 0 \\ 0 & 1 & 0 \\ 3 & 0 & 1 \end{pmatrix}$$

を順にかけることで，その結果は次の式

$$\begin{pmatrix} 1 & 2 & -1 \\ 0 & 0 & 1 \\ 0 & 0 & -2 \end{pmatrix} \begin{pmatrix} x \\ y \\ z \end{pmatrix} = \begin{pmatrix} -5 \\ 2 \\ k-5 \end{pmatrix}$$

次の操作は，上の式の両辺に左から基本行列

$$S_3 = \begin{pmatrix} 1 & 0 & 0 \\ 0 & 1 & 0 \\ 0 & 2 & 1 \end{pmatrix}$$

をかけることで，その結果は次の式

$$\begin{pmatrix} 1 & 2 & -1 \\ 0 & 0 & 1 \\ 0 & 0 & 0 \end{pmatrix} \begin{pmatrix} x \\ y \\ z \end{pmatrix} = \begin{pmatrix} -5 \\ 2 \\ k-1 \end{pmatrix}$$

次の操作は列に関するもので，チョッとむずかしい．かけるのが基本行列

$$T = \begin{pmatrix} 1 & 0 & 0 \\ 0 & 0 & 1 \\ 0 & 1 & 0 \end{pmatrix}$$

であることは分るが，どこへかけるかが問題」

「左辺の 3 次行列の右からでしょう」

「そのままでは，先の方程式と同値にならない，T をかけると同時に T^{-1} を補えば同値性が保たれる．

$$\underbrace{\begin{pmatrix} 1 & 2 & -1 \\ 0 & 0 & 1 \\ 0 & 0 & 0 \end{pmatrix} \begin{pmatrix} 1 & 0 & 0 \\ 0 & 0 & 1 \\ 0 & 1 & 0 \end{pmatrix}}_{\Large\downarrow} \underbrace{\begin{pmatrix} 1 & 0 & 0 \\ 0 & 0 & 1 \\ 0 & 1 & 0 \end{pmatrix}^{-1} \begin{pmatrix} x \\ y \\ z \end{pmatrix}}_{} = \begin{pmatrix} -5 \\ 2 \\ k-1 \end{pmatrix}$$

$$\begin{pmatrix} 1 & -1 & 2 \\ 0 & 1 & 0 \\ 0 & 0 & 0 \end{pmatrix} \begin{pmatrix} x \\ z \\ y \end{pmatrix} = \begin{pmatrix} -5 \\ 2 \\ k-1 \end{pmatrix}$$

　最後の操作は右の基本行列 S_4 を，上の式の両辺に左からかけること．その結果は次の式

$$S_4 = \begin{pmatrix} 1 & 1 & 0 \\ 0 & 1 & 0 \\ 0 & 0 & 1 \end{pmatrix}$$

$$\begin{pmatrix} 1 & 0 & 2 \\ 0 & 1 & 0 \\ 0 & 0 & 0 \end{pmatrix} \begin{pmatrix} x \\ z \\ y \end{pmatrix} = \begin{pmatrix} -3 \\ 2 \\ k-1 \end{pmatrix}$$

　以上の計算は大文字と太字で要約してみると，全体のようすが浮き彫りになる．もとの方程式を

$$A\boldsymbol{x} = \boldsymbol{b} \qquad\qquad ①$$

とおくと，操作を行ったものは

$$(S_4 S_3 S_2 S_1 A T)\,(T^{-1}\boldsymbol{x}) = S_4 S_3 S_2 S_1 \boldsymbol{b}$$

A の最後の行列を $A°, T^{-1}\boldsymbol{x}$ を $\boldsymbol{y}$，右辺を $\boldsymbol{d}$ とおくと

$$A°\boldsymbol{y} = \boldsymbol{d} \qquad\qquad ②$$

164

これが最後の方程式で，解けたも同然の形」

「A° は A 標準形でありませんね」

「全ストじゃない．半ストです．一般に行列 A に対して A° は

$$A^\circ = \begin{pmatrix} E_r & C \\ 0 & 0 \end{pmatrix}$$

の形．A° をかりに A の**半標準形**と呼ぶことにしよう．①を解くには A を半標準形 A° にかえ②を導けばよい．ここで，たいせつなのは A から A° を導くには，行の基本操作のほかに，列の基本操作としては列のいれかえがあれば十分なことです」

定理 41 行列 A は行に関する基本操作と列のいれかえを有限回行うことによって半標準形 A° にかえられる．

$$A \longrightarrow \boxed{\begin{array}{l} \text{行の(i),(ii),(iii)} \\ \text{列の(i)} \end{array}} \longrightarrow A^\circ = \begin{pmatrix} E_r & C \\ O & O \end{pmatrix}$$

「連立1次方程式 $Ax = b$ は，要するに，基本操作によって A を半標準形 A° にかえればよい．しかし，そのとき，定数項の b もかわる，それを一気に済したいので，A と b を並べた行列

$$(A|b)$$

を考え，これに基本操作を試みるのです」

「行の基本操作 S_1, S_2, S_3, S_4 を A, b に行うと

$$S_4 S_3 S_2 S_1 A \qquad S_4 S_3 S_2 S_1 b$$

これをまとめて

$$S_4 S_3 S_2 S_1 (A|b)$$

で済す．そういうこと……」

「そう」

「行の操作はわかった．列の操作……列のいれかえはどうなるのです」

「列のいれかえは A にだけ試みるもので b には関係がない，列のいれかえの合成，すなわち置換 T を A に試みたとすると未知数もいれかわる．だから，A の上に未知数をかいておき，A の列のいれかえと同時に未知数もいれかえることにすればよいわけだ」

「なるほど，その根拠が

$$Ax = AEx = A\left(TT^{-1}\right)x = (AT)\left(T^{-1}x\right)$$

ですね」

「行の上に並べた未知数は行ベクトル．そこで実際の計算は $T^{-1}x$ に転置を行った

$$^t\left(T^{-1}x\right) = {}^tx{}^t\left(T^{-1}\right)$$

で済すのです．${}^t\left(T^{-1}\right)$ は T に等しいから右辺は ${}^txT$，そこで

$$\begin{pmatrix} {}^tx \\ A \end{pmatrix} \longrightarrow \begin{pmatrix} {}^tx \\ A \end{pmatrix} T = \begin{pmatrix} {}^txT \\ AT \end{pmatrix} \longrightarrow \begin{matrix} ({}^txT) \\ (AT) \end{matrix}$$

わかったかね」

「そこが，どうも……？」

「そうか．じゃ，先の実例を，この方式にかきかえてみせよう」

$$\begin{cases} x + 2y - z = -5 \\ x + 2y\quad\ \ = -3 \\ -3x - 6y + z = k + 10 \end{cases}$$

$$\downarrow$$

166

$$\begin{pmatrix} x & y & z \end{pmatrix}$$

$$\left(\begin{array}{ccc|c} 1 & 2 & -1 & -5 \\ 1 & 2 & 0 & -3 \\ -3 & -6 & 1 & k+10 \end{array}\right) \quad \begin{array}{l} (^t\boldsymbol{x}) \\ \\ (A|\boldsymbol{b}) \end{array}$$

⬇

S_1：第 2 行から第 1 行をひく.
S_2：第 3 行に第 1 行の 3 倍をたす.

$$\begin{pmatrix} x & y & z \end{pmatrix}$$

$$\left(\begin{array}{ccc|c} 1 & 2 & -1 & -5 \\ 0 & 0 & 1 & 2 \\ 0 & 0 & -2 & k-5 \end{array}\right) \quad \begin{array}{l} (^t\boldsymbol{x}) \\ \\ S_2 S_1(A|\boldsymbol{b}) \end{array}$$

⬇

S_3：第 3 行に第 2 行の 2 倍をたす.

$$\begin{pmatrix} x & y & z \end{pmatrix}$$

$$\left(\begin{array}{ccc|c} 1 & 2 & -1 & -5 \\ 0 & 0 & 1 & 2 \\ 0 & 0 & 0 & k-1 \end{array}\right) \quad \begin{array}{l} (^t\boldsymbol{x}) \\ \\ S_3 S_2 S_1(A|\boldsymbol{b}) \end{array}$$

⬇

T：第 2 列と第 3 列をいれかえる.
(x, y, z) にも同時に行う.

$$\begin{pmatrix} x & z & y \end{pmatrix}$$

$$\left(\begin{array}{ccc|c} 1 & -1 & 2 & -5 \\ 0 & 1 & 0 & 2 \\ 0 & 0 & 0 & k-1 \end{array}\right) \quad \begin{array}{l} (^t\boldsymbol{x}T) \\ \\ S_3 S_2 S_1(AT|\boldsymbol{b}) \end{array}$$

⬇

S_4：第 1 行に第 2 行をたす.

$$\begin{pmatrix} x & z & y \end{pmatrix}$$

$$\left(\begin{array}{ccc|c} 1 & 0 & 2 & -3 \\ 0 & 1 & 0 & 2 \\ 0 & 0 & 0 & k-1 \end{array}\right) \quad \begin{array}{l} (^t\boldsymbol{x}T) \\ \\ S_4 S_3 S_2 S_1(AT|\boldsymbol{b}) \end{array}$$

$$\begin{cases} 1x + 0z + 2y = -3 \\ 0x + 1z + 0y = 2 \\ 0x + 0z + 0y = k-1 \end{cases} \xrightarrow{k \neq 1 \text{のとき}} \text{解がない.}$$

⬇ $k=1$ のとき

$$\begin{cases} 1x + 0z + 2y = -3 \\ 0x + 1z + 0y = 2 \end{cases}$$

⬇ y を項を移項する.

$$\begin{cases} x = -3 - 2y \\ z = 2 \end{cases}$$

⬇ $y = t$ とおく.

$$\begin{cases} x = -3 - 2t \\ y = 0 + 1t \\ z = 2 + 0t \end{cases} \Rightarrow \begin{pmatrix} x \\ y \\ z \end{pmatrix} = \begin{pmatrix} -3 \\ 0 \\ 2 \end{pmatrix} + t \begin{pmatrix} -2 \\ 1 \\ 0 \end{pmatrix} \quad (t \text{ は任意})$$

「われながらあきれるほどの詳しさ，今度こそ分ったろうね」

「こんな親切な説明ははじめて．これでも分らないとしたら僕は失格ですよ．解き方も，それを支えている理論も，見えて来た感じです」

3　解の存在条件とランク

「いままでに知ったことを定理としてまとめ，解の存在条件を探り出す手がかりとしよう」

定理 42　連立方程式 $Ax = b$ の A を準標準形 $A°$ にかえるために行った行の基本操作の積を S，列のいれかえの積すなわち列の置換を T とすると

$$Ax = b \Leftrightarrow A°y = d$$

ただし，$y = T^{-1}x,\ d = Sb$ である.

（証明）$Ax = b$ の両辺に左から S をかけて

$$SAx = Sb \qquad\qquad ①$$

$TT^{-1} = E$ を A と x の間におぎなって

$$(SAT)\,(T^{-1}x) = Sb$$

$SAT = A^\circ, T^{-1}x = y, Sb = d$ であるから

$$A^\circ y = d \qquad\qquad ②$$

逆に②から①を導くことができるから①と②は同値である.

× ×

「具体例から一般化した定理であるとはいえ，方程式の内部構造を読みとるのがやさしくない，行列を成分で表し，イメージ作りを考えたい．未知数は5個あれば，一般性が浮び出よう」

$$
（ⅰ）\begin{pmatrix} a_{11} & a_{12} & a_{13} & a_{14} & a_{15} \\ a_{21} & a_{22} & a_{23} & a_{24} & a_{23} \\ a_{31} & a_{32} & a_{33} & a_{34} & a_{35} \\ a_{41} & a_{42} & a_{43} & a_{44} & a_{45} \end{pmatrix}
\begin{pmatrix} x_1 \\ x_2 \\ x_3 \\ x_4 \\ x_5 \end{pmatrix}
=
\begin{pmatrix} b_1 \\ b_2 \\ b_3 \\ b_4 \end{pmatrix}
$$

「方程式が1つ足りませんが」

「いや，これは一般の場合の代表，未知数と方程式の個数は，むしろ違うのがよい．この方程式 $Ax = b$ に基本操作を行ったもの $A^\circ y = d$ で，A° の中の単位行列が，たとえば2次であったとすると，$A^\circ y = d$ は次の形になる.

$$
\begin{pmatrix} 1 & 0 & c_{11} & c_{12} & c_{13} \\ 0 & 1 & c_{21} & c_{22} & c_{23} \\ 0 & 0 & 0 & 0 & 0 \\ 0 & 0 & 0 & 0 & 0 \end{pmatrix}
\begin{pmatrix} y_1 \\ y_2 \\ y_3 \\ y_4 \\ y_5 \end{pmatrix}
=
\begin{pmatrix} d_1 \\ d_2 \\ d_3 \\ d_4 \end{pmatrix}
$$

かきかえると

$$
(\text{ii})
\begin{cases}
y_1 \quad +c_{11}y_3 + c_{12}y_4 + c_{13}y_5 = d_1 & \textcircled{1} \\
y_2 + c_{21}y_3 + c_{22}y_4 + c_{23}y_5 = d_2 & \textcircled{2} \\
0 = d_3 & \textcircled{3} \\
0 = d_4 & \textcircled{4}
\end{cases}
$$

この式をごらん. 君に語りかけているよ. 解の存在について……」

「確に. d_3, d_4 の中に0でないものがあれば, ③, ④には成り立たないものがあるから解がない, 解があるための条件は d_3, d_4 がともに0の場合」

「結論を出すのは早い」

「d_3, d_4 がともに0ならば, ③, ④はつねに成り立つが」

「それだけでは不十分. ①, ②をみたす y_1, y_2, y_3, y_4 があることを確めないことには……」

「それは明か. ①, ②は y_1, y_2 について解いて

$$
\begin{cases}
y_1 = d_1 - c_{11}y_3 - c_{12}y_4 - c_{13}y_5 \\
y_2 = d_2 - c_{21}y_3 - c_{22}y_4 - c_{23}y_5
\end{cases}
$$

y_3, y_4, y_5 は任意だから, 解は無数にあります」

「これで, はじめて, $d_3 = d_4 = 0$ は解の存在条件といえるのだ」

　　　　　　　　×　　　　　　　　　×

「解いてしまってから解の存在, 不存在では, 後の祭りじゃないですか」

「そこでランクがモノをいうのだ. 解が存在するかどうかは, 2の行列 $A, (A\ b)$ のランクで簡単に表現できる. A のランクから調べてみる. A に基本操作を行って A° を導いたが, これはさらに列

170

の基本操作を行って標準形にかえられる.

$$A \blacktriangleright A^\circ = \begin{pmatrix} 1 & 0 & c_{11} & c_{12} & c_{13} \\ 0 & 1 & c_{21} & c_{22} & c_{23} \\ 0 & 0 & 0 & 0 & 0 \\ 0 & 0 & 0 & 0 & 0 \end{pmatrix} \blacktriangleright A^* = \begin{pmatrix} 1 & 0 & 0 & 0 & 0 \\ 0 & 1 & 0 & 0 & 0 \\ 0 & 0 & 0 & 0 & 0 \\ 0 & 0 & 0 & 0 & 0 \end{pmatrix}$$

$$\operatorname{rank} A = \operatorname{rank} A^\circ = \operatorname{rank} A^* = 2$$

$(A\ b)$ についても同じこと.

$$(A\ b) \blacktriangleright (A^\circ\ d) = \left(\begin{array}{ccccc|c} 1 & 0 & c_{11} & c_{12} & c_{13} & d_1 \\ 0 & 1 & c_{21} & c_{22} & c_{23} & d_2 \\ 0 & 0 & 0 & 0 & 0 & d_3 \\ 0 & 0 & 0 & 0 & 0 & d_4 \end{array} \right)$$

もし $d_3 = d_4 = 0$ であったら, 列の基本操作で

$$(A^\circ\ d) \blacktriangleright (A^*\ 0) = \left(\begin{array}{ccccc|c} 1 & 0 & 0 & 0 & 0 & 0 \\ 0 & 1 & 0 & 0 & 0 & 0 \\ 0 & 0 & 0 & 0 & 0 & 0 \\ 0 & 0 & 0 & 0 & 0 & 0 \end{array} \right)$$

$$\operatorname{rank}(A\ b) = \operatorname{rank}(A^\circ\ d) = \operatorname{rank}(A^*\ 0) = 2$$

d_3, d_4 に 0 でないものがあれば, こうはなりませんね. それは君にまかせよう. たとえば $d_3 \neq 0, d_4 = 0$ の場合を……」

「第 3 行を d_3 でわって, 第 1 列と第 6 列をいれかえる. 次に列の基本操作で 1 以外の成分を 0 にかえる.

$$(A^\circ d) = \begin{pmatrix} 1 & 0 & d_1 & c_{11} & c_{12} & c_{13} \\ 0 & 1 & d_2 & c_{21} & c_{22} & c_{23} \\ 0 & 0 & 1 & 0 & 0 & 0 \\ 0 & 0 & 0 & 0 & 0 & 0 \end{pmatrix} \blacktriangleright \begin{pmatrix} 1 & 0 & 0 & 0 & 0 & 0 \\ 0 & 1 & 0 & 0 & 0 & 0 \\ 0 & 0 & 1 & 0 & 0 & 0 \\ 0 & 0 & 0 & 0 & 0 & 0 \end{pmatrix}$$

$\mathrm{rank}(A\ b) = 3$ です」

「$d_3 \neq 0$,　$d_4 \neq 0$ のときは？」

　「行列をかくまでもないです．1 が 1 個増すから $\mathrm{rank}(A\ b) = 4$」

　「これで結論が出たようなもの．解があるかどうかは A と $(A\ b)$ のランクが等しいかどうかで見分けられる．一般化で定理へ」

定理 43　連立 1 次方程式 $Ax = b$ において

（ i ）$\mathrm{rank}\,A = \mathrm{rank}(A\quad b) \Longleftrightarrow$ 解がある．

（ ii ）$\mathrm{rank}\,A \neq \mathrm{rank}(A\quad b) \Longleftrightarrow$ 解がない．

　例 39　次の方程式に解があるかぞらかをランクで見分けよ．

$$(1)\ \begin{cases} x + 3y + 4z = -2 \\ x + 2y + 2z = -1 \\ 2x + y - 2z = 1 \end{cases} \qquad (2)\ \begin{cases} x + 3y = 8 \\ 2x - 5y = 4 \\ -x + 2y = 9 \\ 3x - 2y = 12 \end{cases}$$

解

$$(1)\quad A = \begin{pmatrix} 1 & 3 & 4 \\ 1 & 2 & 2 \\ 2 & 1 & -2 \end{pmatrix} \blacktriangleright \begin{pmatrix} 1 & 0 & 0 \\ 0 & 1 & 0 \\ 0 & 0 & 0 \end{pmatrix} \mathrm{rank}\,A = 2$$

$$(A\ b) = \begin{pmatrix} 1 & 3 & 4 & -2 \\ 1 & 2 & 2 & -1 \\ 2 & 1 & -2 & 1 \end{pmatrix} \blacktriangleright \begin{pmatrix} 1 & 0 & 0 & 0 \\ 0 & 1 & 0 & 0 \\ 0 & 0 & 0 & 0 \end{pmatrix} \mathrm{rank}\,(A\ b) = 2$$

$\mathrm{rank}\,A = \mathrm{rank}(A\ b)$ 解がある．

$$(2)\quad A = \begin{pmatrix} 1 & 3 \\ 2 & -5 \\ -1 & 2 \\ 3 & -2 \end{pmatrix} \blacktriangleright \begin{pmatrix} 1 & 0 \\ 0 & 1 \\ 0 & 0 \\ 0 & 0 \end{pmatrix} \mathrm{rank}\,A = 2$$

$$(A \ b) = \begin{pmatrix} 1 & 3 & 8 \\ 2 & -5 & 4 \\ -1 & 2 & 9 \\ 3 & -2 & 12 \end{pmatrix} \Rightarrow \begin{pmatrix} 1 & 0 & 0 \\ 0 & 1 & 0 \\ 0 & 0 & 1 \\ 0 & 0 & 0 \end{pmatrix} \mathrm{rank}(A \ b) = 3$$

$\mathrm{rank}\,A \neq \mathrm{rank}\,(A \ b)$ 解がない.

4　解の自由度とは何か

「解がある場合……解のあり方はさまざま」

「1 つだけあることも，不定のことも」

「不定のときは……不定のひとことで済ませない」

「高校では，不定で済ますが」

「それ，悪しき慣習というもの．不定の内容もさまざま.

$$(1) \begin{cases} x = 3 - 4t \\ y = 2 + 5t \\ z = -1 - t \end{cases} \qquad (2) \begin{cases} x = 8 + 2t - 4s \\ y = -5 + t + s \\ z = 6 - 3t + 2s \end{cases}$$

この 2 つの解はともに不定だが，自由に変りうる文字の個数が違う．(1) では 1 つ．(2) では 2 つ．この差は無視できない」

「t, s はパラメータ？」

「またの名は**媒介変数**……任意の値をとる文字だから単に**変数**と呼んでもよいと思うが」

「x, y, z を空間の点の座標とすると (1) は直線，(2) は平面ですね」

「解の範囲はパラメータの個数で定まる．それで，パラメータの個数のことを解の**自由度**と呼ぶ人もいる．(1) の自由度は 1, (2) の自由度は 2 というように……」

定理 44　連立 1 次方程式 $Ax = b$ が解をもつとき,

$$解の自由度 = n - r$$

↑　↑
未知数の個数　rank A

証明のリサーチ

具体例で一般の場合の証明を推測しよう. 連立 1 次方程式

$$Ax = b$$

は 5 個の未知数 $x_1, x_2, \cdots, x_5$ に関するもので, 方程式の数は 4 つとする. A のランクを 2 とすると, この方程式は基本操作によって次の形にかきかえられる.

$$\left(\begin{array}{ccccc} 1 & 0 & c_{11} & c_{12} & c_{13} \\ 0 & 1 & c_{21} & c_{22} & c_{23} \\ \hline 0 & 0 & 0 & 0 & 0 \\ 0 & 0 & 0 & 0 & 0 \end{array} \right) \left(\begin{array}{c} y_1 \\ y_2 \\ y_3 \\ y_4 \\ y_5 \end{array} \right) = \left(\begin{array}{c} d_1 \\ d_2 \\ d_3 \\ d_4 \end{array} \right)$$

ここの $y_1, y_2, \cdots, y_5$ は $x_1, x_2, \cdots, x_5$ の順序をかえたものに過ぎない. これが解をもつときは $d_3 = d_4 = 0$ であって, 次の方程式と同値である.

$$\begin{cases} y_1 \quad + c_{11}y_3 + c_{12}y_4 + c_{13}y_5 = d_1 \\ y_2 + c_{21}y_3 + c_{22}y_4 + c_{23}y_5 = d_2 \end{cases}$$

移項すると

$$\begin{cases} y_1 = d_1 - c_{11}y_3 - c_{12}y_4 - c_{13}y_5 \\ y_2 = d_2 - c_{21}y_3 - c_{22}y_4 - c_{23}y_5 \end{cases}$$

未知数とパラメータの区別をはっきりさせるため $y_3 = t_1, y_4 = t_2$,

174

$y_5 = t_3$ とおくと

$$
\begin{cases}
y_1 = d_1 - c_{11}t_1 - c_{12}t_2 - c_{13}t_3 \\
y_2 = d_2 - c_{21}t_1 - c_{22}t_2 - c_{23}t_3 \\
y_3 \qquad\quad t_1 \\
y_4 \qquad\qquad\quad t_2 \\
y_5 \qquad\qquad\qquad\quad t_3
\end{cases}
$$

パラメータは 3 つだから自由度は 3 であって

$$
\text{自由度} = 3 = 5 - 2 = （未知数の数） - \operatorname{rank} A
$$

という関係がある.

上の解は列ベクトルを用いて

$$
\begin{pmatrix} y_1 \\ y_2 \\ y_3 \\ y_4 \\ y_5 \end{pmatrix}
=
\begin{pmatrix} d_1 \\ d_2 \\ 0 \\ 0 \\ 0 \end{pmatrix}
+ t_1 \begin{pmatrix} -c_{11} \\ -c_{12} \\ 1 \\ 0 \\ 0 \end{pmatrix}
+ t_2 \begin{pmatrix} -c_{12} \\ -c_{22} \\ 0 \\ 1 \\ 0 \end{pmatrix}
+ t_3 \begin{pmatrix} -c_{13} \\ -c_{23} \\ 0 \\ 0 \\ 1 \end{pmatrix}
$$

と表せる. さらに

$$
\boldsymbol{y} = \boldsymbol{d} + t_1 \boldsymbol{c}_1 + t_2 \boldsymbol{c}_2 + t_3 \boldsymbol{c}_3
$$

この表現は連立 1 次方程式をベクトル空間の線型写像と関連させるときに欠せないが，ここでは深入りしない.

×　　　　　　　×

「いま知った定理から，解がただ 1 つの条件を導いてごらん」
「解がただ 1 つ？」
「パラメータがあれば解は無数，パラメータが無ければ……」
「分った．パラメータが無ければよい」

「パラメータが無いことは，自由度が 0 とみてよい」

「A のランクが未知数の個数に等しい場合」

「これを定理としておこう」

定理 45　連立 1 次方程式 $Ax = b$ がただ 1 つの解をもつための必要十分条件は

$$\mathrm{rank}\, A = \mathrm{rank}(A\ b) = （未知数の個数）$$

である.

×　　　　　　　×

「この定理は一般の場合だから，方程式の数が未知数の数より多くてもよい．とくに，方程式の数と未知数の数が等しいときは，定理は

$$\mathrm{rank}\, A = （未知数の個数）$$

で十分です」

「この場合に，$\mathrm{rank}\, A = \mathrm{rank}(A\ b)$ が不要なのはなぜ？」

「(Ab) は A に 1 列追加した行列だから

$$\mathrm{rank}\, A \leq \mathrm{rank}(A\ b)$$

未知数の数を n とすると $(A\ b)$ は $(n, n+1)$ 型の行列だから

$$\mathrm{rank}\, A \leq \mathrm{rank}(A\ b) \leq n$$

そこでもしも，……」

「ああそうか．$\mathrm{rank}\, A = n$ ならば $\mathrm{rank}\, A$ と $\mathrm{rank}(A\ b)$ は，おのずから等しくなる」

「それからね，$\mathrm{rank}\, A = n$ は，A の標準形が n 次の単位行列であること，つまり A は正則であること」

「そうか. A が正則ならば逆行列があるから $\boldsymbol{x} = A^{-1}\boldsymbol{b}$……これがただ1解の正体とは意外」

例 40 次の方程式の解は k の値によってどのように異なるか. さらに, そのときの自由度を求めよ.

$$\begin{cases} x + y + kz = k \\ x + ky + z = 1 \\ kx + y + z = 1 \end{cases}$$

解 この方程式を行列で表したものを $A\boldsymbol{x} = \boldsymbol{b}$ とおく.

$$\begin{pmatrix} A & \boldsymbol{b} \end{pmatrix} = \left(\begin{array}{ccc|c} 1 & 1 & k & k \\ 1 & k & 1 & 1 \\ k & 1 & 1 & 1 \end{array} \right)$$

第1行の1倍, k 倍をそれぞれ第2行, 第3行からひくと

$$\begin{pmatrix} A & \boldsymbol{b} \end{pmatrix} = \left(\begin{array}{ccc|c} 1 & 1 & k & k \\ 0 & k-1 & 1-k & 1-k \\ 0 & 1-k & 1-k^2 & 1-k^2 \end{array} \right) \qquad ①$$

（ⅰ）$k = 1$ のとき

$$(A\ \boldsymbol{b}) = \left(\begin{array}{ccc|c} 1 & 1 & 1 & 1 \\ 0 & 0 & 0 & 0 \\ 0 & 0 & 0 & 0 \end{array} \right) \qquad 解：\begin{cases} x = 1 - t - s \\ y = t \\ z = s \end{cases}$$

解の自由度は2である.

（ⅱ）$k \neq 1$ のとき①の第2行を $k-1$, 第3行を $1-k$ で割り, 第

2 行を第 3 行からひくと

$$
(A\ b) = \begin{pmatrix} 1 & 1 & k & k \\ 0 & 1 & -1 & -1 \\ 0 & 0 & k+2 & k+2 \end{pmatrix} \qquad ②
$$

$k = -2$ のとき第 3 行の成分はすべて 0 である．第 2 行を第 1 行
からひいて

$$
(A\ b) = \begin{pmatrix} 1 & 0 & -1 & -1 \\ 0 & 1 & -1 & -1 \\ 0 & 0 & 0 & 0 \end{pmatrix} \qquad 解：\begin{cases} x = -1 + t \\ y = -1 + t \\ z = t \end{cases}
$$

解の自由度 1 である．

$k \ne -2$ のとき②の第 3 行を $k+2$ でわり，第 3 行を第 2 行にたし，
第 3 行の k 倍を第 1 行からひく，さらに第 2 行を第 1 行からひくと

$$
(A\ b) = \begin{pmatrix} 1 & 0 & 0 & 0 \\ 0 & 1 & 0 & 0 \\ 0 & 0 & 1 & 1 \end{pmatrix} \qquad 解：\begin{cases} x = 0 \\ y = 0 \\ z = 1 \end{cases}
$$

解の自由度は 0 である．

解の自由度はまとめると次の通り．

$$
\begin{cases} k = 1 \text{ のとき}\cdots\cdots\cdots\cdots 2 \\ k = -2 \text{ のとき}\cdots\cdots\cdots 1 \\ k \ne 1, -2 \text{ のとき}\cdots\cdots 0 \end{cases}
$$

例 41　次の等式をみたす行列 X を求めよ．

$$
\begin{pmatrix} 1 & 2 & 2 \\ 2 & 1 & -2 \\ -2 & 2 & -1 \end{pmatrix} X = \begin{pmatrix} -3 & 2 \\ 1 & -1 \\ -2 & 3 \end{pmatrix}
$$

解法のリサーチ

「行列 X の型は？」

「$(3,3)$ 型 $\times X = (3,2)$ 型から X は $(3,2)$ 型」

「X を成分で表してみると

$$\begin{pmatrix} 1 & 2 & 2 \\ 2 & 1 & -2 \\ -2 & 2 & -1 \end{pmatrix} \begin{pmatrix} x_1 & y_1 \\ x_2 & y_2 \\ x_3 & y_3 \end{pmatrix} = \begin{pmatrix} -3 & 2 \\ 1 & -1 \\ -2 & 3 \end{pmatrix}$$

2つ方程式に分解して

$$\begin{pmatrix} 1 & 2 & 2 \\ 2 & 1 & -2 \\ -2 & 2 & -1 \end{pmatrix} \begin{pmatrix} x_1 \\ x_2 \\ x_3 \end{pmatrix} = \begin{pmatrix} -3 \\ 1 \\ -2 \end{pmatrix}, \begin{pmatrix} 1 & 2 & 2 \\ 2 & 1 & -2 \\ -2 & 2 & -1 \end{pmatrix} \begin{pmatrix} y_1 \\ y_2 \\ y_3 \end{pmatrix} = \begin{pmatrix} 2 \\ -1 \\ 3 \end{pmatrix}$$

この2つを解けばよいですね」

「左辺の変形も同じこと……まとめて解けば省力になりそう」

解
$$\begin{pmatrix} 1 & 2 & 2 \\ 2 & 1 & -2 \\ -2 & 2 & -1 \end{pmatrix} X = \begin{pmatrix} -3 & 2 \\ 1 & -1 \\ -2 & 3 \end{pmatrix}$$

両辺に行に関する操作を行う.

↓

第1行の $-2,2$ 倍をそれぞれ第 2,3 行にたす.

$$\begin{pmatrix} 1 & 2 & 2 \\ 0 & -3 & -6 \\ 0 & 6 & -3 \end{pmatrix} X = \begin{pmatrix} -3 & 2 \\ 7 & -5 \\ -8 & 7 \end{pmatrix}$$

↓

第1行を3倍する.
(分数計算を避けるため)

$$\begin{pmatrix} 3 & 6 & 6 \\ 0 & -3 & -6 \\ 0 & 6 & -3 \end{pmatrix} X = \begin{pmatrix} -9 & 6 \\ 7 & -5 \\ -8 & 7 \end{pmatrix}$$

第2行の2倍を第 1,3 行にたす.

↓

$$\begin{pmatrix} 3 & 0 & -6 \\ 0 & 3 & 6 \\ 0 & 0 & -9 \end{pmatrix} X = \begin{pmatrix} 5 & -4 \\ -7 & 5 \\ 6 & -3 \end{pmatrix}$$

第3行を −3 で割る.

$$\begin{pmatrix} 3 & 0 & -6 \\ 0 & 3 & 6 \\ 0 & 0 & 3 \end{pmatrix} X = \begin{pmatrix} 5 & -4 \\ -7 & 5 \\ -2 & 1 \end{pmatrix}$$

第3行の2倍, −2倍をそれぞれ第1,2行にたす.

$$\begin{pmatrix} 3 & 0 & 0 \\ 0 & 3 & 0 \\ 0 & 0 & 3 \end{pmatrix} X = \begin{pmatrix} 1 & -2 \\ -3 & 3 \\ -2 & 1 \end{pmatrix}$$

$$\therefore \quad 3E_3 X = \begin{pmatrix} 1 & -2 \\ -3 & 3 \\ -2 & 1 \end{pmatrix} \qquad X = \frac{1}{3}\begin{pmatrix} 1 & -2 \\ -3 & 3 \\ -2 & 1 \end{pmatrix}$$

5　同次方程式の解

「連立1次方程式 $Ax = b$ のうち, 右辺が 0 のもの

$$Ax = 0$$

を**同次方程式**または**斉次方程式**というのです」

「同次のときは

$$\text{rank}\,(A \quad b) = \text{rank}\,(A \quad 0) = \text{rank}\,A$$

となるから, 必ず解をもちますね」

「そんな大げさなことをやらなくても, $x = 0$ はつねに解ですよ」

「なんだ」

「$x = 0$ を**自明解**という. 同次方程式で興味をひくのは, 自明でない解をもつ条件です. そこで, 次の定理へ……」

定理 46　同次方程式 $Ax = 0$ が非自明解をもつための条件

$$n > r$$

$$\uparrow \qquad \uparrow$$

未知数の個数　rank A

（証明） 解をもつための条件は不要．解にパラメータがあればよいから $n - r > 0$　∴ $n > r$

例 42　次のうち非自明解をもつのはどれか．

(1) $\begin{cases} 7x_1 - 2x_2 + 3x_3 = 0 \\ 5x_1 + 6x_2 - 8x_3 = 0 \end{cases}$
　　　(2) $\begin{cases} 2x_1 + 3x_2 = 0 \\ 4x_1 + 5x_2 = 0 \end{cases}$

(3) $\begin{cases} x_1 + 4x_2 + 5x_3 = 0 \\ 2x_1 - 6x_2 + x_3 = 0 \\ 3x_1 - 2x_2 + 7x_3 = 0 \end{cases}$
　　(4) $\begin{cases} 3x_1 - 6x_2 = 0 \\ 2x_1 - 4x_2 = 0 \\ 5x_1 - 10x_2 = 0 \end{cases}$

解　方程式を $Ax = 0$; A を (m, n) 型とする．

(1)　$m = 2$,　$n = 3$,　rank $A = 2$　∴　$n > \text{rank } A$

(2)　$m = n = 2$,　rank $A = 2$　　∴　$n = \text{rank } A$

(3)　$m = n = 3$,　rank $A = 3$　　∴　$n = \text{rank } A$

(4)　$m = 3$,　$n = 2$,　rank $A = 1$　∴　$n > \text{rank } A$

非自明解をもつのは（1）と（4）である．

$$\times \qquad\qquad\qquad \times$$

「この例の（1）は $n > m$ の場合，（2）と（3）は $n = m$ の場合で一般化すると，次の定理になる」

定理 47　同次方程式 $Ax = 0$ において，方程式の個数を m，未知数の個数を n とすると

(1)　$n > m$ のときつねに非自明解をもつ．

(2)　$n = m$ のとき非自明解をもつための条件は A が正則でないこと．

（証明） A は (m, n) 型の行列であるから $m, n \geqq \operatorname{rank} A$

(1)　$n > m$ から $n > \operatorname{rank} A$，よって自明解をもつ．

(2)　$n = m$ であるから A は正方行列．

非自明解をもつための条件は $n > \operatorname{rank} A$，すなわち A が正則でないこと．

練習問題—7

43　次の連立方程式を解け．

(1)　$\begin{cases} x_1 + 2x_2 - 3x_3 - x_4 = 9 \\ -2x_1 - 4x_2 - 2x_3 + 10x_4 = -2 \\ -x_1 - 2x_2 - 5x_3 + 9x_4 = 7 \end{cases}$

(2)　$\begin{cases} x - y + z = 3 \\ 2x - y - 2z = 3 \\ ax - y + 4z = 3 \end{cases}$　　(3)　$\begin{cases} x + y = a \\ y + z = b \\ z + u = c \\ x + u = d \end{cases}$

44　次の等式をみたす行列 X を基本操作を用いて求めよ．

(1)　$\begin{pmatrix} 3 & -5 \\ 5 & -4 \end{pmatrix} X = \begin{pmatrix} 2 & 1 \\ -3 & 3 \end{pmatrix}$

(2) $\begin{pmatrix} 2 & 1 & 1 \\ 1 & 2 & 1 \\ 1 & 1 & 2 \end{pmatrix} X = \begin{pmatrix} 3 & 9 & 7 \\ 1 & 10 & 5 \\ 4 & 2 & 6 \end{pmatrix}$

45 次の同次方程式を解け.

(1) $\begin{cases} x + 6y\ -3z = 0 \\ 4x + 5y\ +2z = 0 \\ 5x + 11y\ -z = 0 \end{cases}$ (2) $\begin{cases} x + 3y + 2z = 0 \\ x - y\ +4z = 0 \\ 5x - 2y\ -z = 0 \end{cases}$

46 次の行列 A に対して $AX = O$ となる 3 次の行列 X を求めよ.

$$A = \begin{pmatrix} 2 & -3 & -5 \\ -1 & 4 & 5 \\ 1 & -3 & -4 \end{pmatrix}$$

練習問題の略解

1 (1) $X = B - A = \begin{pmatrix} -2 & 2 & 1 \\ 8 & -2 & -10 \end{pmatrix}$

(2) $X = \dfrac{1}{5}(3A - 2B) = \dfrac{1}{5} \begin{pmatrix} 6 & 1 & -3 \\ -16 & 1 & 26 \end{pmatrix} = \begin{pmatrix} 1.2 & 0.2 & -0.6 \\ -3.2 & 0.2 & 5.2 \end{pmatrix}$

2 $\begin{cases} a = ax + by, b = bz \\ c = dy, d = dz \end{cases}$ を解く. $\begin{cases} x = 1 - a^{-1}bcd^{-1} \\ y = cd^{-1}, z = 1 \end{cases}$

3 $\begin{pmatrix} 3 & 5 \\ 1 & 2 \end{pmatrix} \begin{pmatrix} x & y \\ z & u \end{pmatrix} = \begin{pmatrix} x & y \\ z & u \end{pmatrix} \begin{pmatrix} 3 & 5 \\ 1 & 2 \end{pmatrix}$ を解く. $\begin{pmatrix} z + u & 5z \\ z & u \end{pmatrix}$

4 (1) $\begin{pmatrix} 6 & -15 \\ -31 & 13 \end{pmatrix}$ (2) $\begin{pmatrix} 1 & 0 & 0 \\ 0 & 2 & 0 \\ 0 & 0 & 3 \end{pmatrix}$

5 $A^t A$ の対角成分を 0 とおいて $a^2 + b^2 + c^2 = 0$, $p^2 + q^2 + r^2 = 0, a, b, c, p, q, r$ は実数であるから $a = b = c = p = q = r = 0$

6 $\begin{pmatrix} a & b \\ c & d \end{pmatrix} \begin{pmatrix} x & y \\ z & u \end{pmatrix} = \begin{pmatrix} x & y \\ z & u \end{pmatrix} \begin{pmatrix} a & b \\ c & d \end{pmatrix}$ とおいて,

a, b, c, d に 0 や 1 を代入してみよ. 　6の答 $\begin{pmatrix} k & 0 \\ 0 & k \end{pmatrix}$

7 前問と同様の方法による. 　　　7の答 $\begin{pmatrix} k & 0 & 0 \\ 0 & k & 0 \\ 0 & 0 & k \end{pmatrix}$

8 (1) $P^2 = E$ ∴ $P^{-1} = P$

(2) $\begin{pmatrix} f & 0 & 0 \\ e & d & 0 \\ c & b & a \end{pmatrix}$

9 $\begin{pmatrix} 1 & 0 \\ 0 & 1 \end{pmatrix}, \begin{pmatrix} -1 & 0 \\ 0 & -1 \end{pmatrix}, \begin{pmatrix} a & b \\ c & -a \end{pmatrix} (a^2 + bc = 1)$

10 $A^n = E$ ならば $AA^{n-1} = A^{n-1}A = E$ $\therefore A^{-1} = A^{n-1}$

(1) $A^4 = E$ $\therefore A^{-1} = A^3 = \begin{pmatrix} 0 & -1 \\ 1 & 0 \end{pmatrix}$

(2) $B^3 = E$ $\therefore B^{-1} = B^2 = \begin{pmatrix} 0 & 1 & 0 \\ -1 & -1 & -1 \\ 0 & 0 & 1 \end{pmatrix}$

11 $R(\theta) = \begin{pmatrix} \cos\theta & -\sin\theta \\ \sin\theta & \cos\theta \end{pmatrix}$ とおくと $R(\alpha)R(\beta) = R(\alpha+\beta)$ これを用いて $R(\theta)^n = R(n\theta)$

(1) $A^6 = \begin{pmatrix} \cos 2\pi & -\sin 2\pi \\ \sin 2\pi & \cos 2\pi \end{pmatrix} = \begin{pmatrix} 1 & 0 \\ 0 & 1 \end{pmatrix} = E$

(2) $A - E = \begin{pmatrix} \cos\dfrac{\pi}{3} - 1 & -\sin\dfrac{\pi}{3} \\ \sin\dfrac{\pi}{3} & \cos\dfrac{\pi}{2} - 1 \end{pmatrix} = \begin{pmatrix} -\dfrac{1}{2} & -\dfrac{\sqrt{3}}{2} \\ \dfrac{\sqrt{3}}{2} & -\dfrac{1}{2} \end{pmatrix}$

$(A-E)^t (A-E))^t (A-E)(A-E) = E$ を示せ.

(3) $A^6 - E = O$ から $(A-E)(A^5 + A^4 + \cdots + A + E) = O$, 両辺の左から $(A-E)^{-1}$ をかける.

12 P^2 を求め, 右辺を計算して A に一致することを示す.

13 $(ABC)^{-1} = ((AB)C)^{-1} = C^{-1}(AB)^{-1} = C^{-1}(B^{-1}A^{-1}) =$

$C^{-1}B^{-1}A^{-1}$

14　$A = \begin{pmatrix} a & b \\ c & d \end{pmatrix}$ とおくと $A^2-(a+d)A+(ad-bc)E = O$ この両

辺に A^2 をかけて $A^3 = O$ を用いると $(ad-bc)A^2 = O, ad-bc \neq 0$

のとき $A^2 = O$

$ad-bc = 0$ のときはじめの等式から $A^2 = (a+d)A$

よって $a+d = 0$ ならば $A^2 = O$,　$a+d \neq 0$ のときは上式に A を

かけて $O = (a+d)A^2$　$\therefore A^2 = O$

15　(1)　$A = E^{-1}AE$

(2)　$B = P^{-1}AP$ ならば $A = \left(P^{-1}\right)^{-1} B \left(P^{-1}\right)$

(3)　$B = P^{-1}AP, C = Q^{-1}BQ$ ならば $C = (PQ)^{-1}A(PQ)$

(4)　$B^2 = \left(P^{-1}AP\right)\left(P^{-1}AP\right) = P^{-1}A^2P$, $B^3 = B^2B = \left(P^{-1}A^2P\right)$

$\left(P^{-1}AP\right) = P^{-1}A^3P$,　以下同様のことを反復.

16
$$A = \frac{A + {}^tA}{2} + \frac{A - {}^tA}{2} = \begin{pmatrix} 3 & 1 & 5 \\ 1 & -2 & -3 \\ 5 & -3 & 7 \end{pmatrix} + \begin{pmatrix} 0 & 1 & -2 \\ -1 & 0 & -3 \\ 2 & 3 & 0 \end{pmatrix}$$

17

(1)　$A^2 = \begin{pmatrix} 0 & 0 & ac \\ 0 & 0 & 0 \\ 0 & 0 & 0 \end{pmatrix}$, $n \geqq 3$ のとき $A^n = O$

(2) $A^2 = \begin{pmatrix} 0 & 0 & 1 & 0 \\ 0 & 0 & 0 & 1 \\ 0 & 0 & 0 & 0 \\ 0 & 0 & 0 & 0 \end{pmatrix}$, $A^3 = \begin{pmatrix} 0 & 0 & 0 & 1 \\ 0 & 0 & 0 & 0 \\ 0 & 0 & 0 & 0 \\ 0 & 0 & 0 & 0 \end{pmatrix}$ $n \geqq 4$のとき $A^n = O$

18　$A^2 = AA = (AB)A = A(BA) = AB = A$

$$B^2 = BB = (BA)B = B(AB) = BA = B$$

19 A, B は交代であるから $^tA = -A, {}^tB = -B$

$\Rightarrow$ の証明 $^t(AB) = AB \Rightarrow {}^tB\,{}^tA = AB \Rightarrow (-B)(-A) = AB$

$\Rightarrow (-1)^2 BA = AB \Rightarrow AB = BA$

$\Leftarrow$ の証明 $^t(AB) = {}^tB\,{}^tA = (-B)(-A) = BA = AB$

20

(1) $\begin{pmatrix} O & E_s \\ E_r & O \end{pmatrix}$ (2) $\begin{pmatrix} E_r & -K \\ O & E_s \end{pmatrix}$

21

(1) $\begin{pmatrix} -E_n & O \\ O & -E_n \end{pmatrix}$, $\begin{pmatrix} O & C \\ -A & -B \end{pmatrix}$, $\begin{pmatrix} -B & A \\ -C & O \end{pmatrix}$,

$\begin{pmatrix} A^2 & AB + BC \\ O & C^2 \end{pmatrix}$

(2) $P^3 = \begin{pmatrix} O & -E_n \\ E_n & O \end{pmatrix}$, $P^4 = \begin{pmatrix} E_n & O \\ O & E_n \end{pmatrix}$

22

(1) $\begin{pmatrix} C & D \\ A & B \end{pmatrix}$ (2) $\begin{pmatrix} B & A \\ D & C \end{pmatrix}$ (3) $\begin{pmatrix} KA & KB \\ C & D \end{pmatrix}$

(4) $\begin{pmatrix} AK & B \\ CK & D \end{pmatrix}$ (5) $\begin{pmatrix} A+HC & A+HD \\ C & D \end{pmatrix}$

(6) $\begin{pmatrix} A & AH + B \\ C & CH + D \end{pmatrix}$

23 E_{r+s+t}

24 $PQ = \begin{pmatrix} A & B \\ O & C \end{pmatrix}\begin{pmatrix} X & Y \\ O & Z \end{pmatrix} = \begin{pmatrix} AX & AY + BZ \\ O & CZ \end{pmatrix}$

$$\overset{\text{この小行列を別々に}}{\underset{\text{計算する.}}{}} = \begin{pmatrix} 1 & a+x & 2 & a+b+y+z \\ 0 & 1 & 0 & 2 \\ 0 & 0 & 1 & c+z \\ 0 & 0 & 0 & 1 \end{pmatrix}$$

25

(1) $\begin{pmatrix} 1 & 0 & 0 \\ 0 & 1 & 0 \\ 0 & 0 & 0 \\ 0 & 0 & 0 \end{pmatrix}$ (2) $\begin{pmatrix} 1 & 0 & 0 & 0 & 0 \\ 0 & 1 & 0 & 0 & 0 \\ 0 & 0 & 1 & 0 & 0 \end{pmatrix}$

26 (1) $Q_i(\lambda\mu)$ (2) $R_{ij}(\lambda+\mu)$

27

(1) $\begin{pmatrix} 0 & 1 & 0 \\ 0 & 0 & 1 \\ 1 & 0 & 0 \end{pmatrix}$ (2) $\begin{pmatrix} 0 & 1 & 0 & 0 \\ 0 & 0 & 0 & 1 \\ 1 & 0 & 0 & 0 \\ 0 & 0 & 1 & 0 \end{pmatrix}$

28 ${}^tP = P^{-1}$ $\therefore ({}^tP)^{-1} = (P^{-1})^{-1} = P, {}^t(P^{-1}) = {}^t({}^tP) = P$

29 $\begin{pmatrix} 1 & a & ac+b \\ 0 & 1 & c \\ 0 & 0 & 1 \end{pmatrix}$

30

(1) $(A^*)^2 = \begin{pmatrix} E_r & O \\ O & O \end{pmatrix}\begin{pmatrix} E_r & O \\ O & O \end{pmatrix} = \begin{pmatrix} E_r & O \\ O & O \end{pmatrix} = A^*$

(2) $PAQ = A^*$ をみたす正則行列 P, Q がある.

$A = P^{-1}A^*Q^{-1} = P^{-1}Q^{-1}(QA^*Q^{-1}), QA^*Q^{-1} = C$ とおくと $C^2 = Q(A^*)^2Q^{-1} = QA^*Q^{-1} = C,$ よって C は巾等行列である. $P^{-1}Q^{-1}$ は正則であるから, $A =$(正則行列)×(等行列)

次に $A = (P^{-1}A^*P)P^{-1}Q^{-1}$ と書きかえて同様.

31

(1) $\begin{pmatrix} 1 & -a & ab \\ 0 & 1 & -b \\ 0 & 0 & 1 \end{pmatrix}$

(2) $\begin{pmatrix} 1 & -1 & 0 & 0 \\ 0 & 1 & -1 & 0 \\ 0 & 0 & 1 & -1 \\ 0 & 0 & 0 & 1 \end{pmatrix}$

(3) $\begin{pmatrix} -3 & 3 & -1 \\ 3 & -4 & 2 \\ -1 & 2 & -1 \end{pmatrix}$

(4) $\begin{pmatrix} 11/3 & -3 & 1/3 \\ -7/3 & 3 & -2/3 \\ 2/3 & -1 & 1/3 \end{pmatrix}$

32

$\dfrac{1}{1+\alpha^3} \begin{pmatrix} -\alpha & 1 & \alpha^2 \\ 1 & \alpha^2 & -\alpha \\ \alpha^2 & -\alpha & 1 \end{pmatrix}$

33 $AX = A+X$ から $(A-E)(X-E) = E$, よって $A-E$ は正則,
$\therefore X-E = (A-E)^{-1}, X = (A-E)^{-1} + E$
$A-E$ は正則だから $(A-E)(X-E) = E$ から $(X-E)(A-E) = E$,
書きかえて $XA = A+X$ $\therefore AX = XA$

34 $\begin{pmatrix} A & B \\ C & D \end{pmatrix} \begin{pmatrix} X & Y \\ Z & U \end{pmatrix} = \begin{pmatrix} E_r & O \\ O & E_s \end{pmatrix}$ とおいて X, Y, Z, U を求める.

$P^{-1} = \begin{pmatrix} X & -A^{-1}BU \\ -D^{-1}CX & U \end{pmatrix}$ $\begin{matrix} X = (A-BD^{-1}C)^{-1} \\ U = (D-CA^{-1}B)^{-1} \end{matrix}$

35 $A = \begin{pmatrix} 1 & 0 \\ 1 & 1 \end{pmatrix}$, $B = \begin{pmatrix} 1 & 1 \\ 0 & 1 \end{pmatrix}$, $C = \begin{pmatrix} 1 & 1 \\ 1 & 1 \end{pmatrix}$, $D = \begin{pmatrix} 1 & 0 \\ 1 & 1 \end{pmatrix}$

とおくと $X = \begin{pmatrix} 1 & 1 \\ -1 & 0 \end{pmatrix}$

$U = \begin{pmatrix} 0 & 1 \\ -1 & 1 \end{pmatrix}$

$P^{-1} = \begin{pmatrix} 1 & 1 & 1 & -2 \\ -1 & 0 & 0 & 1 \\ 0 & -1 & 0 & 1 \\ 0 & 0 & -1 & 1 \end{pmatrix}$

36 $\begin{pmatrix} A & B \\ B & A \end{pmatrix}\begin{pmatrix} X & Y \\ Z & U \end{pmatrix} = \begin{pmatrix} E & O \\ O & E \end{pmatrix}$ とおくと

$\begin{cases} AX + BZ = E \cdots\cdots ① \\ BX + AZ = O \cdots\cdots ② \end{cases} \begin{cases} AY + BU = O \cdots\cdots ③ \\ BY + AU = E \cdots\cdots ④ \end{cases}$

①＋②, ①－②から $X + Z = (A+B)^{-1}, X - Z = (A-B)^{-1}$ これから X, Z を求める. Y, U についても同じ.

$$P^{-1} = \frac{1}{2}\begin{pmatrix} (A+B)^{-1} + (A-B)^{-1} & (A+B)^{-1} - (A-B)^{-1} \\ (A+B)^{-1} - (A-B)^{-1} & (A+B)^{-1} + (A-B)^{-1} \end{pmatrix}$$

37 $\operatorname{rank} A = 1,\ \operatorname{rank} B = 3,\ \operatorname{rank} C = 2$

38 (1) $a \ne 0$ or $b \ne 0$ のとき 2, $a = b = 0$ のとき 0

(2) $a \ne 0, 1$ のとき 4, $a = 0$ のとき 3, $a = 1$ のとき 1

39 (1) $\operatorname{rank}(A+B) \le \operatorname{rank}(A+B\ B)$

$(A+B\ B)\begin{pmatrix} E_n & O \\ -E_n & E_n \end{pmatrix} = (A\ B)$

∴ $\operatorname{rank}(A+B\ B) = \operatorname{rank}(A\ B)$

(2) $\operatorname{rank}(A\ B) \le \operatorname{rank} A + \operatorname{rank} B$ を用いる.

40

$\begin{pmatrix} A & C \\ O & B \end{pmatrix} \rightarrow \left(\begin{array}{cc|c} E_r & O & C_1 \\ O & O & \\ \hline O & & B \end{array}\right) \rightarrow \left(\begin{array}{cc|cc} E_r & O & C_{11} & C_{12} \\ O & O & C_{21} & C_{22} \\ \hline O & O & E_s & O \\ O & O & O & O \end{array}\right)$

第 1 列に C_{11}, C_{12} をかけ第 3,4 列からそれぞれひく.
次に第 3 行に C_{21} をかけて第 2 行からひく.

$\rightarrow \begin{pmatrix} E_r & O & O & O \\ O & O & O & C_{22} \\ O & O & E_s & O \\ O & O & O & O \end{pmatrix} \xrightarrow[O\ \text{をカット}]{} \begin{pmatrix} E_r & O & O \\ O & O & C_{22} \\ O & E_s & O \end{pmatrix}$

$$\longrightarrow \begin{pmatrix} E_r & O & O \\ O & E_s & O \\ O & O & C_{22} \end{pmatrix}$$ このランクは $r+s$ 以上である.

41

$$左辺 = \mathrm{rank}\begin{pmatrix} A & O \\ O & B \end{pmatrix} + \mathrm{rank}\, C$$
$$= \mathrm{rank}\, A + \mathrm{rank}\, B + \mathrm{rank}\, C$$

$$\left(\begin{array}{cc|c} A & O & O \\ O & B & O \\ \hline O & O & C \end{array}\right)$$

42

(1) $\mathrm{rank}\, A = \mathrm{rank}\begin{pmatrix} 2 & -1 \\ -4 & 2 \end{pmatrix} + \mathrm{rank}\begin{pmatrix} 3 & 5 \\ 1 & 2 \end{pmatrix} = 1+2 = 3$

(2) $\mathrm{rank}\, B = \mathrm{rank}\begin{pmatrix} 3 & 0 \\ 0 & 2 \end{pmatrix} + \mathrm{rank}\begin{pmatrix} 3 & -2 & 1 \\ 9 & -6 & 3 \end{pmatrix} = 2+1 = 3$

43

(1) $\begin{cases} x_1 = 3 - 2t_1 + 4t_2 \\ x_2 = t_1 \\ x_3 = -2 + t_2 \\ x_4 = t_2 \end{cases}$
(2) $a \neq 0$ のとき $\begin{cases} x = 0 \\ y = -3 \\ z = 0 \end{cases}$ $a = 0$ のとき $\begin{cases} x = 3t \\ y = -3 + 4t \\ z = t \end{cases}$

(3) $a + c \neq b + d$ のとき解がない

$a + c = b + d$ のとき

$$x = a - b + c - t,\ y = b - c + t,\ z = c - t,\ u = t$$

44

(1) $\begin{pmatrix} -\dfrac{23}{13} & 11/13 \\ -\dfrac{19}{13} & 4/13 \end{pmatrix}$
(2) $\begin{pmatrix} 1 & 15/4 & 5/2 \\ -1 & 19/4 & 1/2 \\ 2 & -13/4 & 3/2 \end{pmatrix}$

45

(1) $x = 27t,\ y = -14t,\ z = -19t$

(2) $x = y = z = 0$

46　X を列ベクトルによって $(\boldsymbol{x}\ \boldsymbol{y}\ \boldsymbol{z})$ と表すと

$$AX = A(\boldsymbol{x}\ \boldsymbol{y}\ \boldsymbol{z}) = (A\boldsymbol{x}\ A\boldsymbol{y}\ A\boldsymbol{z}) = (0\ 0\ 0)$$

よって 3 つの方程式 $A\boldsymbol{x}=0, A\boldsymbol{y}=0, A\boldsymbol{z}=0$ を解けばよい．しかし，これらの方程式は同じもの．

$$A\boldsymbol{x} = \begin{pmatrix} 2 & -3 & -5 \\ -1 & 4 & 5 \\ 1 & -3 & -4 \end{pmatrix} \begin{pmatrix} x_1 \\ x_2 \\ x_3 \end{pmatrix} = \begin{pmatrix} 0 \\ 0 \\ 0 \end{pmatrix} \text{ を解いて } \begin{array}{l} x_1 = t \\ x_2 = -t \\ x_3 = t \end{array}$$

$\boldsymbol{y}, \boldsymbol{z}$ も同様．ただしパラメータは独立に変ってよいから $\boldsymbol{x}, \boldsymbol{y}, \boldsymbol{z}$ のときのパラメータを p, q, r とする．

$$X = \begin{pmatrix} p & q & r \\ -p & -q & -r \\ p & q & r \end{pmatrix}$$

著者紹介：

石谷　茂（いしたに・しげる）

大阪大学理学部数学科卒

主　書　初めて学ぶトポロジー
　　　　大学入試　新作数学問題 100 選
　　　　∀と∃に泣く
　　　　$\varepsilon - \delta$ に泣く
　　　　Max と Min に泣く
　　　　Dim と Rank に泣く
　　　　2 次行列のすべて
　　　　入門入門群論
　　　　エレガントな入試問題解法集　上・下
　　　　数学の本質をさぐる 1　集合・関係・写像・代数系演算・位相・測度
　　　　数学の本質をさぐる 2　新しい解析幾何・複素数とガウス平面
　　　　数学の本質をさぐる 3　関数の代数的処理・古典整数論
　　　　初学者へのひらめき実例数学
　　　　高みからのぞく大学入試数学　現代数学の序開　上・下

（以上 現代数学社）

現数 Select　No.9　行 列

2024 年 6 月 21 日　　初 版 第 1 刷発行

著　者　　　石谷　茂

発行者　　　富田　淳

発行所　　　株式会社　現代数学社
　　　　　　〒 606–8425 京都市左京区鹿ヶ谷西寺ノ前町 1
　　　　　　TEL 075 (751) 0727　FAX 075 (744) 0906
　　　　　　https://www.gensu.co.jp/

装　幀　　　中西真一（株式会社 CANVAS）

印刷・製本　　　亜細亜印刷株式会社

ISBN 978-4-7687-0638-1　　　　　　　　　　Printed in Japan